"南北极环境综合考察与评估"专项

# 南极地区环境遥感考察图集

国家海洋局极地专项办公室　编

海洋出版社

2016年·北京

图书在版编目 (CIP) 数据

南极地区环境遥感考察图集 / 国家海洋局极地专项
办公室编. —北京 : 海洋出版社, 2016.5
　ISBN 978-7-5027-9441-5

　Ⅰ.①南… Ⅱ.①国… Ⅲ.①南极－生态环境－环境
遥感－科学考察－图集 Ⅳ.①N816.61-64

　中国版本图书馆CIP数据核字 (2016) 第099195号


NANJI DIQU HUANJING YAOGAN KAOCHA TUJI


责任编辑：张　荣
责任印制：赵麟苏

海洋出版社 出版发行
http://www.oceanpress.com.cn
北京市海淀区大慧寺路 8 号　　邮编：100081
北京朝阳印刷厂有限责任公司印刷　　新华书店北京发行所经销
2016年6月第1版　　2016年6月第1次印刷
开本：889 mm×1194 mm　　1 / 16　　印张：14
字数：300千字　　定价：86.00元

发行部：62132549　邮购部：68038093　总编室：62114335
海洋版图书印、装错误可随时退换

# 极地专项领导小组成员名单

组　　长：陈连增　国家海洋局

副组长：李敬辉　财政部经济建设司

　　　　曲探宙　国家海洋局极地考察办公室

成　　员：姚劲松　财政部经济建设司（2011—2012）

　　　　陈昶学　财政部经济建设司（2013—）

　　　　赵光磊　国家海洋局财务装备司

　　　　杨惠根　中国极地研究中心

　　　　吴　军　国家海洋局极地考察办公室

# 极地专项领导小组办公室成员名单

专项办主任：曲探宙　国家海洋局极地考察办公室

常务副主任：吴　军　国家海洋局极地考察办公室

副主任：刘顺林　中国极地研究中心（2011—2012）

　　　　李院生　中国极地研究中心（2012—）

　　　　王力然　国家海洋局财务装备司

成　　员：王　勇　国家海洋局极地考察办公室

　　　　赵　萍　国家海洋局极地考察办公室

　　　　金　波　国家海洋局极地考察办公室

　　　　李红蕾　国家海洋局极地考察办公室

　　　　刘科峰　中国极地研究中心

　　　　徐　宁　中国极地研究中心

　　　　陈永祥　中国极地研究中心

# 极地专项成果集成责任专家组成员名单

组　　长：潘增弟　　国家海洋局东海分局

成　　员：张海生　　国家海洋局第二海洋研究所

　　　　　余兴光　　国家海洋局第三海洋研究所

　　　　　乔方利　　国家海洋局第一海洋研究所

　　　　　石学法　　国家海洋局第一海洋研究所

　　　　　魏泽勋　　国家海洋局第一海洋研究所

　　　　　高金耀　　国家海洋局第二海洋研究所

　　　　　胡红桥　　中国极地研究中心

　　　　　何剑锋　　中国极地研究中心

　　　　　徐世杰　　国家海洋局极地考察办公室

　　　　　孙立广　　中国科学技术大学

　　　　　赵　越　　中国地质科学院地质力学研究所

　　　　　庞小平　　武汉大学

# "南极地区环境遥感考察图集"专题

承担单位：国家卫星海洋应用中心

参与单位：武汉大学

     北京师范大学

     国家海洋局第一海洋研究所

     国家海洋环境预报中心

     中国极地研究中心

     同济大学

     国家海洋局东海分局

     黑龙江测绘地理信息局

# "南极地区环境遥感考察图集"
# 专著编写人员名单

编写人员：刘建强 邹 斌 曾 韬 郭茂华 石立坚 周春霞

     万 雷 杨元德 邓方慧 艾松涛 程 晓 刘 岩

     惠凤鸣 赵天成 康 婧 张媛媛 杨俊钢 张 婷

     闫秋双 崔 伟 张 林 孙启振 李春花 杨清华

     许 淙 孟 上 李 明 赵杰臣 刘富彬 田忠翔

     刘 健 许惠平 曾 辰 秦 平 唐泽艳 吴文会

     王连仲 韩惠军

# 序 言

"南北极环境综合考察与评估"专项（以下简称极地专项）是 2010 年 9 月 14 日经国务院批准，由财政部支持，国家海洋局负责组织实施，相关部委所属的 36 家单位参与，是我国自开展极地科学考察以来最大的一个专项，是我国极地事业又一个新的里程碑。

在 2011 年至 2015 年间，极地专项从国家战略需求出发，整合国内优势科研力量，充分利用"一船五站"（"雪龙"号、长城站、中山站、黄河站、昆仑站、泰山站）极地考察平台，有计划、分步骤地完成了南极周边重点海域、北极重点海域、南极大陆和北极站基周边地区的环境综合考察与评估，无论是在考察航次、考察任务和内容、考察人数、考察时间、考察航程、覆盖范围，还是在获取资料和样品等方面，均创造了我国近 30 年来南、北极考察的新纪录，促进了我国极地科技和事业的跨越式发展。

为落实财政部对极地专项的要求，极地专项办制定了包括极地专项"项目管理办法"和"项目经费管理办法"在内的 4 项管理办法和 14 项极地考察相关标准和规程，从制度上加强了组织领导和经费管理，用规范保证了专项实施进度和质量，以考核促进了成果产出。

本套极地专项成果集成丛书，涵盖了极地专项中的 3 个项目共 17 个专题的成果集成内容，涉及了南、北极海洋学的基础调查与评估，涉及了南极大陆和北极站基的生态环境考察与评估，涉及了从南极冰川学、大气科学、空间环境科学、天文学以及地质与地球物理学等考察与评估，到南极环境遥感等内容。专家认为，成果集成内容翔实，数据可信，评估可靠。

"十三五"期间，极地专项持续滚动实施，必将为贯彻落实习近平主席关于"认识南极、保护南极、利用南极"的重要指示精神，实现李克强总理提出的"推动极地科考向深度和广度进军，"的宏伟目标，完成全国海洋工作会议提出的极地工作业务化以及提高极地科学研究水平的任务，做出新的、更大的贡献。

希望全体极地人共同努力，推动我国极地事业从极地大国迈向极地强国之列！

1

# 前　言

南极是地球系统的重要组成部分，在全球气候变化中具有重要地位和作用。世界各国利用多种手段加强对南极地区的观测和研究推动了南极科学事业的发展，我国自20世纪80年代以来先后在南极建立了长城站、中山站、昆仑站和泰山站，截止2016年5月，中国已成功组织了32次南极科学考察，考察围绕全球变化主题在极地冰川学、生态学、地质学、海洋学、高空大气物理学等领域取得了一批重要研究成果。卫星遥感作为一种高效的对地观测手段，自20世纪60年代以来，对南极大陆及周边海域进行了多种时空尺度、多手段、长期的周期性专题探测，为南极研究和考察提供了重要的技术支撑，加快了人们对南极地区环境特征变化及其与全球变化作用过程的认知。

2011年国家海洋局极地考察办公室启动了"南北极环境综合考察与评估"专项，"南极地区环境遥感考察"作为其中的课题之一，利用包括我国海洋一号卫星、海洋二号卫星在内的多种国内外卫星获取了大量南极圈的大陆、冰盖、冰架及海洋水色、动力环境、海洋气象等信息，首次全面获取了南极大陆及周边海洋环境多要素资料，并分析了其时空分布规律，为国家对南极资源开发、应对全球气候变化以及南极考察研究提供丰富的信息。

本课题围绕南极地区综合环境考察，以遥感技术为主要考察手段，设置了7个子课题，涉及：南极基础地理测绘、南极地貌、南极周边海域海冰、叶绿素浓度、海温、海面风场、海浪及南极绕极气旋环境等特征的遥感考察和南极遥感考察集成系统建设。全书成果包括两个部分：第一部分《南极环境遥感考察》，共分为7章，第1章为总论，介绍了本项目的背景、课题的设置情况、任务分工、考察获取的主要成果与总结；第2章介绍了南极环境遥感考察的意义与目标；第3章介绍了本次考察的主要任务；第4章详细介绍了考察过程中获取的数据及数据处理过程；第5章为南极环境遥感考察集成系统设计；第6章分别针对各考察要素进行了空间分布特征分析，展示了主要的考察成果；第7章是对本次考察的经验总结与建议。第二部分《南极环境遥感考察图集》依照不同的考察要素进行分门别类，对本次考察的主要成果图件进行了汇编。

本书的出版得到了"南北极环境综合考察与评估"专项、"南极地区环境遥感考察"课题（CHINARE-02-04）的支持。全书由刘建强组织编写并统稿，参加编写的人员有：邹斌、曾韬、郭茂华、石立坚、周春霞、万雷、杨元德、邓方慧、艾松涛、程晓、刘岩、惠凤鸣、赵天成、康婧、张媛媛、杨俊钢、张婷、闫秋双、崔伟、张林、孙启振、李春花、杨清华、许淙、孟上、李明、赵杰臣、刘富彬、田忠翔、刘健、许惠平、曾辰、秦平、唐泽艳、吴文会、王连仲、韩惠军等。本书的作者都是参加"南极环境遥感考察"各子专题的科研工作者，特此向他们表示衷心感谢，正是因为他们的支持，本书才得以如期出版。

编者的意图在于展示遥感在南极环境遥感考察方面的应用，为我国今后的南极遥感考察研究工作提供参考。然而，受制于作者的认知能力和掌握资料的有限，同时遥感技术也在不断的完善和发展，书中难免会存在一些错误和不足之处，恳请读者批评指正。

编者

2016 年 5 月

# 目　次

# 第1章 概 述

　　南极地区环境遥感调查的总体目标是以卫星遥感调查手段为主结合其他的调查手段，通过制订卫星遥感数据探测计划、数据获取、现场定标检验、算法研究、数据处理、专题制图和综合分析，获得南极地理基础测绘、地貌、海冰、周边海域水色和动力环境、气象环境等的基本情况，建立与更新基础资料和图件，得到南极地区环境要素时空分布、变化规律。为南极科学考察、全球变化及大气、冰川、地理、海洋等多学科研究应用和国家战略服务。

　　本图集作为"南极地区环境遥感考察"一级集成报告的附件是专项实施以来所取得的主要考察图件成果，该图件包括：①南极地理基础测绘调查图件；②南极地貌遥感调查图件；③南极周边海冰遥感调查图件；④南极周边水色水温遥感调查图件；⑤南极周边海洋动力环境遥感调查图件；⑥南极气象环境遥感调查图件。

# 第2章　南极地理基础测绘考察图件

南极地理基础测绘遥感考察图件包括：①全南极综合 DEM；②东南级 PANDA 断面 DEM；③重点考察区 DEM；④重点考察区数字地形图；⑤重点区域遥感影像地图；⑥ PANDA 断面冰流速图；⑦南极冰盖冰雪质量变化；⑧南极冰盖冰面高程变化等。

## 2.1　全南极综合 DEM

综合利用 ERS-1/GM 和 ICESat 测高数据，生成的南极 81.5°S 以内的 1′ 分辨率全南极综合 DEM（m）（图 2-1）。

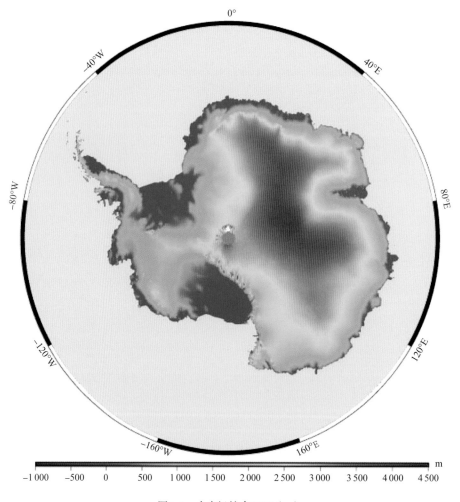

图2-1　全南极综合DEM（m）

## 2.2 东南极 PANDA 断面 DEM

利用 ASTER 光学数据的下视 3N 波段数据和后视 3B 波段数据形成立体像对，再融合 ICESat 测高数据生成的 PANDA 断面地区 15 m 分辨率 DEM（图 2-2）。

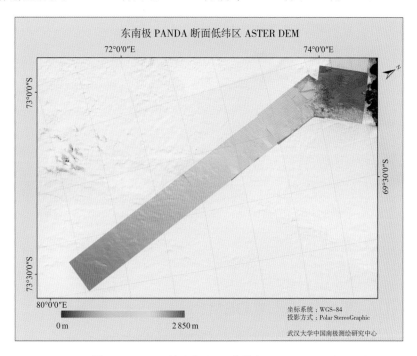

图2-2　PANDA断面地区15 m分辨率ASTER DEM

利用覆盖格罗夫山和 PANDA 断面的 ERS Tandem 的 12 对干涉像对数据，使用 InSAR 方法方法生成 DEM，并利用拟合去除相位误差趋势面的方法，一定程度上消除了相位误差，提高了 DEM 提取的精度，从而生成了 PANDA 断面地区 20 m 分辨率的 DEM（图 2-3）。

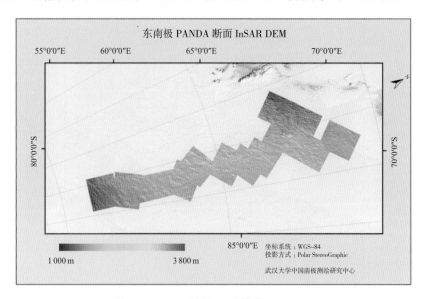

图2-3　PANDA断面20 m分辨率InSAR DEM

## 2.3 重点考察区 DEM

### 2.3.1 中山站地区 DEM

利用 ALOS 卫星获取的 4 景光学影像，其两两可以构成立体像对，并利用稀少控制点生成的中山站地区 25 m 分辨率 DEM（图 2-4）。

图2-4 中山站地区25 m分辨率ALOS DEM

### 2.3.2 PANDA 断面重点区域 DEM

利用获取的格罗夫山和PANDA断面上各两对 ENVISAT ASAR 数据以及 PANDA 断面低纬区实验区两对 ERS tandem 数据，基于基线联合的方法生成的 PANDA 断面重点实验区 DEM（图 2-5）。

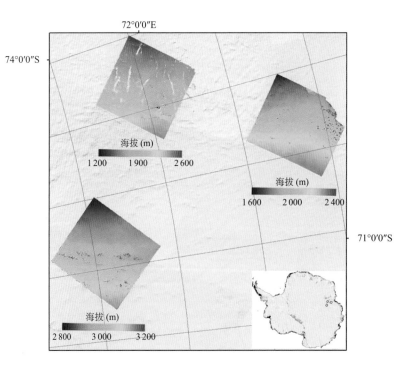

图2-5 PANDA断面重点实验区基线联合InSAR DEM

### 2.3.3 DOME A 地区 DEM

利用 2013 年在 DOME A 地区实测获取的 5 km 分辨率 GPS 数据，内插获得 900 km² 的 DOME A 核心区 DEM（图 2-6）。

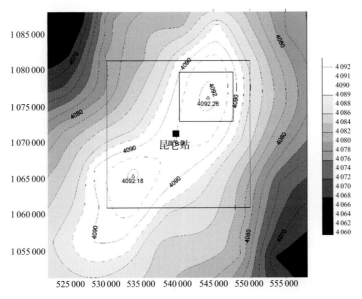

图 2-6 DOME A 地区 GPS 实测 DEM

## 2.4 重点考察区数字地形图

基于资源三号卫星数据开展查尔斯王子山脉的 3D 产品生产，图 2-7 至图 2-9 分别为 1∶50000 查尔斯王子山脉地区数字线划图（DLG）、数字高程模型（DEM）和数字正射模型（DOM）。

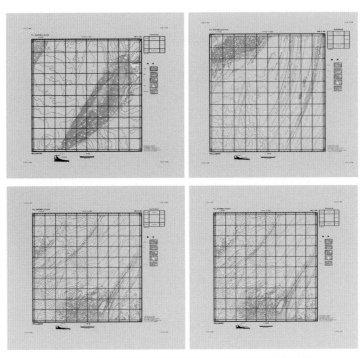

图 2-7 查尔斯王子山脉地区 4 幅 1∶50000 DLG 数据成果

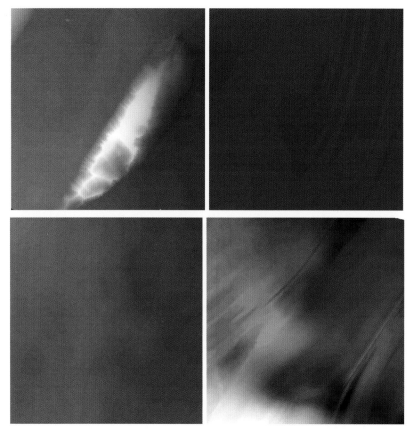

图2-8 查尔斯王子山脉地区4幅1:50000 DEM数据成果

图2-9 查尔斯王子山脉地区4幅1:50000 DOM数据成果

## 2.5　重点区域遥感影像地图

### 2.5.1　中山站地区卫星影像图

利用 ALOS 卫星获取的中山站周边地区卫星影像图（图 2-10）。

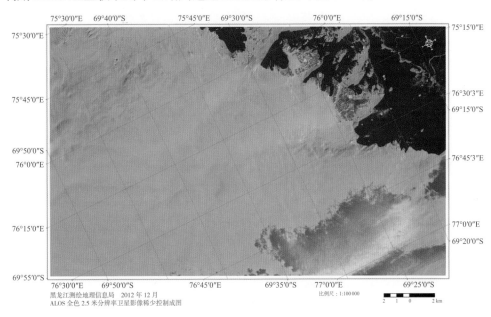

图2-10　南极中山站区域ALOS平面卫星影像图

利用 Landsat 卫星光学影像数据，将影像进行彩色融合，制作的中山站地区 30 m 分辨率平面卫星影像图（图 2-11）。

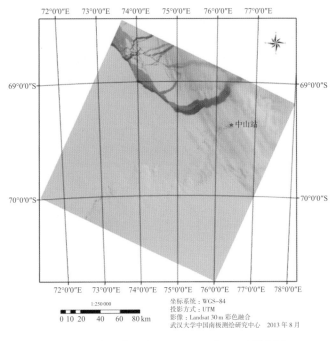

图2-11　南极中山站地区Landsat平面卫星影像图

利用 HJ-1A 卫星光学影像数据，将影像进行彩色融合，制作的中山站地区 30 m 分辨率平面卫星影像图（图 2-12）。

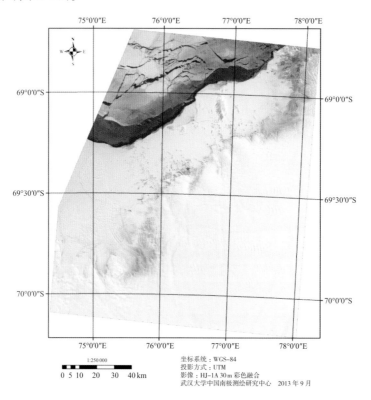

坐标系统：WGS-84
投影方式：UTM
影像：HJ-1A 30 m 彩色融合
武汉大学中国南极测绘研究中心　2013 年 9 月

图2-12　南极中山站地区HJ-1A平面卫星影像图

## 2.5.2　埃默里冰架地区卫星影像图

利用 4 景 ZY-3 号卫星光学影像数据，将影像进行互配准、多光谱与全色融合、正摄纠正以及镶嵌处理，制作的埃默里冰架地区平面卫星影像图（图 2-13）。

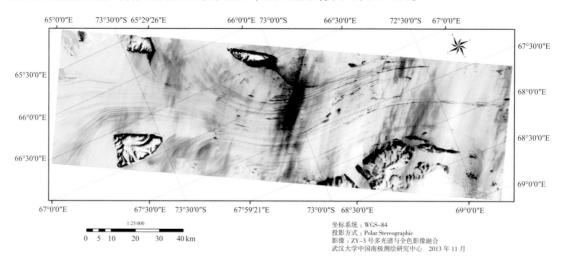

坐标系统：WGS-84
投影方式：Polar Stereographic
影像：ZY-3 号多光谱与全色影像融合
武汉大学中国南极测绘研究中心　2013 年 11 月

图2-13　埃默里冰架地区ZY-3号平面卫星影像图

### 2.5.3 格罗夫山地区卫星影像图

利用 IKONOS 卫星光学影像数据,将多光谱数据与全色数据进行影像融合,制作的格罗夫山地区平面卫星影像图(图 2-14)。

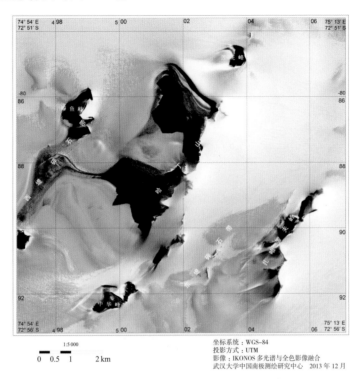

坐标系统:WGS-84
投影方式:UTM
影像:IKONOS 多光谱与全色影像融合
武汉大学中国南极测绘研究中心 2013 年 12 月

图2-14 格罗夫山地区IKONOS平面卫星影像图

利用 Landsat 卫星光学影像数据,将影像进行彩色融合,制作的格罗夫山地区 30 m 分辨率平面卫星影像图(图 2-15)。

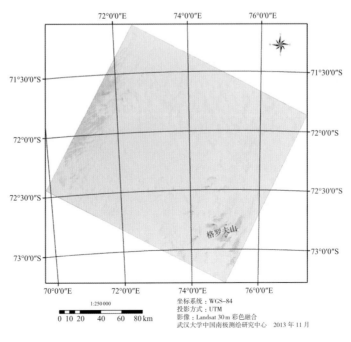

坐标系统:WGS-84
投影方式:UTM
影像:Landsat 30 m 彩色融合
武汉大学中国南极测绘研究中心 2013 年 11 月

图2-15 Grove山地区Landsat平面卫星影像图

## 2.5.4　长城站地区卫星影像图

利用 Landsat 卫星光学影像数据，将影像进行彩色融合，制作的长城站地区 30 m 分辨率平面卫星影像图（图 2-16）。

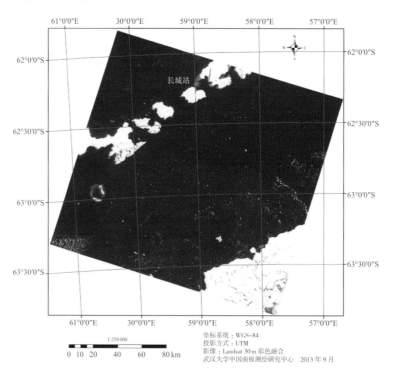

坐标系统：WGS-84
投影方式：UTM
影像：Landsat 30 m 彩色融合
武汉大学中国南极测绘研究中心　2013 年 9 月

1:250 000
0 10 20　40　60　80 km

图2-16　南极长城站地区Landsat平面卫星影像图

利用 HJ-1A 卫星光学影像数据，将影像进行彩色融合，制作的格罗夫山地区 30 m 分辨率平面卫星影像图（图 2-17）。

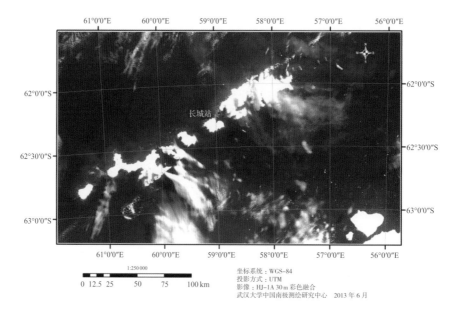

坐标系统：WGS-84
投影方式：UTM
影像：HJ-1A 30 m 彩色融合
武汉大学中国南极测绘研究中心　2013 年 6 月

1:250 000
0 12.5 25　50　75　100 km

图2-17　南极长城站地区HJ-1A平面卫星影像图

## 2.6 PANDA 断面考察沿线区域冰流速图

利用 2006—2008 年覆盖 PANDA 断面的 24 对 ENVISAT ASAR 干涉数据对绘制了该断面的冰流速分布图（图 2-18）。

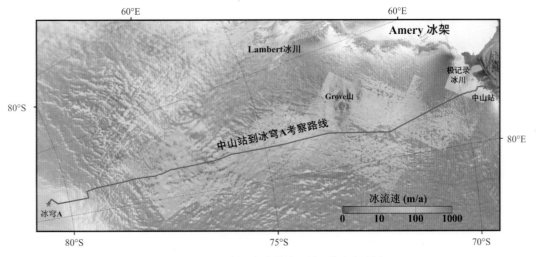

图2-18 PANDA断面考察沿线区域二维冰流速图

## 2.7 南极冰盖冰雪质量变化结果

基于 GRACE 卫星重力数据分析了 2002—2014 年间南极冰盖冰雪质量变化趋势（图 2-19）。

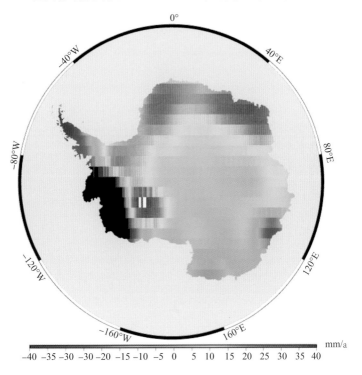

图2-19 南极冰盖冰雪质量变化空间分布

## 2.8 南极冰盖冰面高程变化

利用 2003 年至 2009 年的 ICESat/GLAS 卫星测高数据绘制了南极大陆 9 年间的冰盖高程变化趋势图（图 2-20）。

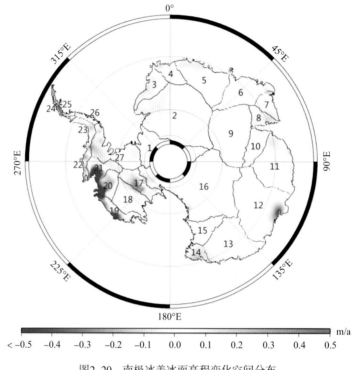

图2-20 南极冰盖冰面高程变化空间分布

# 第 3 章 南极地貌环境遥感考察图件

南极地貌环境遥感考察图件包括：①埃默里冰架区遥感影像图；②兰伯特冰川地貌解译图；③南极维多利亚地地区遥感影像图；④南极格雷厄姆地地区遥感影像图；⑤埃默里冰架及德里加尔斯基冰舌变化图；⑥南极蓝冰分布图；⑦埃默里冰架高程图。

## 3.1 埃默里（Amery）冰架区遥感影像图

利用 2010 年 HJ-1A/B 卫星数据制作完成埃默里冰架区遥感影像图，图 3-1 中显示出埃默里冰架和兰伯特冰川所在位置，其主要的范围覆盖大约为 63°—73°S，65°—70°E，宽度约100 km，长度约 400 km。裸露的岩石处意味着较大的高程差，其地势非常陡峭。图片中部左侧可以看到兰伯特冰川由南向北（图中为由左向右）的流向，其冰流线非常清晰。冰架由于漂浮在海面上，其地形平坦，一直向北延伸。图片右下方深色区域为海水。

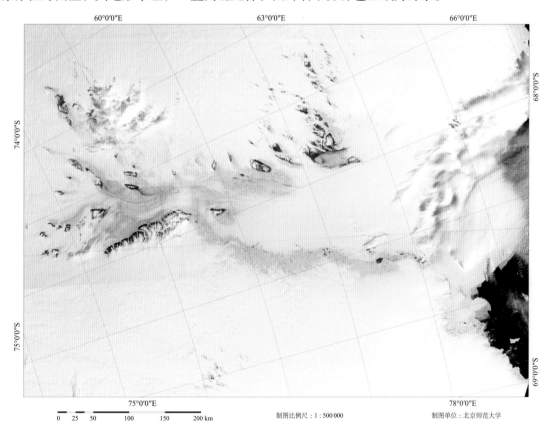

图3-1　2010年埃默里冰架以及兰伯特冰川HJ-1A/B 30 m分辨率卫星影像镶嵌图

利用 2010 年 ENVISAT/ASAR 数据制作完成埃默里冰架区遥感影像图（图 3-2）。

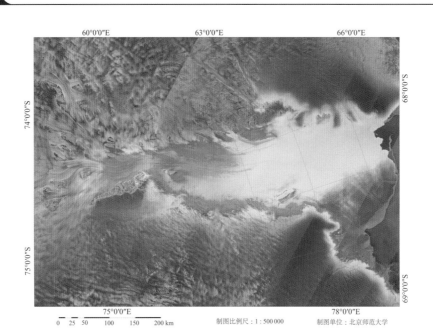

图3-2 2010年埃默里冰架以及兰伯特冰川ENVISAT 75 m分辨率数据卫星图像

　　利用 ENVISAT/ASAR 数据制作完成中山站至埃默里冰架区 10 m 分辨率卫星影像图，图 3-3 中清晰地显示了埃默里冰架及兰伯特冰川的情况。图片左侧不平坦的区域为陆地，左侧中部呈流线型的区域为兰伯特冰川的冰流线，右侧中部平坦区域为埃默里冰架，冰架边缘非常清晰。从图中可以看到冰的流向，由南至北，由内陆地区流向海洋。

图3-3 中山站到埃默里冰架ENVISAT IMS10 m分辨率数据卫星影像图

　　中山站（69°22′24″S, 76°22′40″E）位于图 3-4 的左下角，埃默里冰架位于右上方。蓝绿色线表示冰架边缘与海洋的边界，左侧为陆地和冰架，右侧为海洋。棕色线围起来的区域为大陆边缘的岩石，深蓝色线围起来的区域为水体，黄色线围起来的区域为裂隙。

图3-4 中山站到埃默里冰架ENVISAT IMS10m地貌专题图

## 3.2 兰伯特（Lambert）冰川地貌解译图

图3-5为兰伯特（Lambert）冰川区域地貌解译图。广大的灰色区域均被雪覆盖，蓝色区域为蓝冰。红色区域为裸露的岩石，黄色区域为裂隙，绿色区域为冰面融池等水体，紫色区域表示冰碛物。

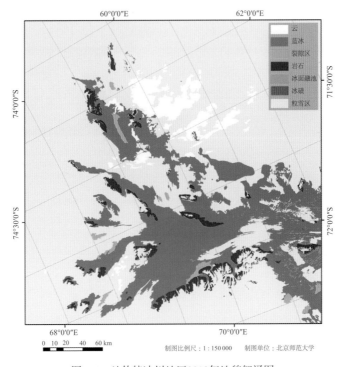

图3-5 兰伯特冰川地区2010年地貌解译图

## 3.3　南极维多利亚地地区遥感影像图

利用 HJ-1A 卫星数据制作完成的维多利亚地地区遥感影像图，图 3-6 对维多利亚地地区地形分布进行了详细标注。标志性地物包括特拉诺瓦湾、德里加尔斯基冰舌、难言岛等。

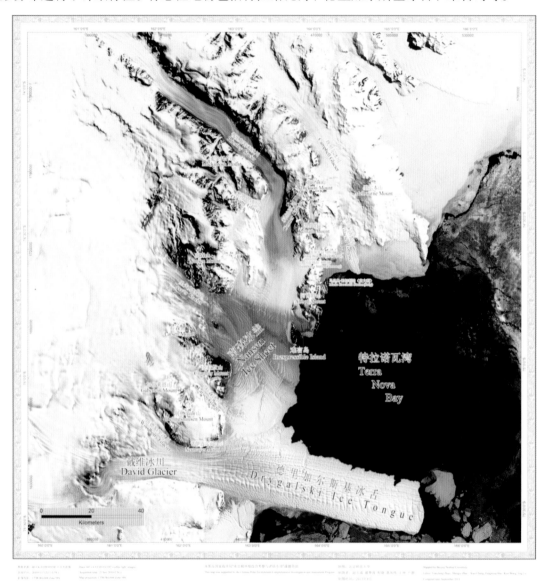

图3-6　南极维多利亚地地区卫星影像图（HJ-1A/CCD）

## 3.4　南极格雷厄姆地地区遥感影像图

利用 Landsat-7 卫星数据制作完成的南极格雷厄姆地地区遥感影像图（图 3-7），图中对南极格雷厄姆地地区地形分布进行了详细标注。该地区海岸线平直但陡峭，沿岸有大量山脉及峡湾分布。

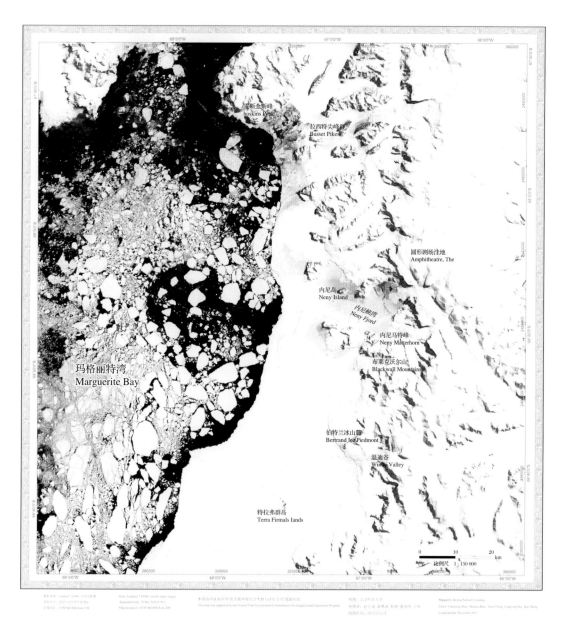

图3-7　南极格雷厄姆地地区卫星影像图（Landsat 7/ETM+）

## 3.5　冰架变化图

### 3.5.1　埃默里冰架前端变化图

图 3-8 显示了埃默里冰架前端在 2004—2012 年的变化，左侧为冰架和陆地区域，右侧为海洋。图中不同颜色的线代表不同年份，可以看出冰架前端一直向海洋推进。L1，L2，T1 和 T2 为冰架前端的裂隙，称作 Loose Tooth Rift System。T1 裂隙的前进方向从 2009 年起发生了偏转，而 T2 裂隙的前进速度在 2010 年后逐渐减缓。

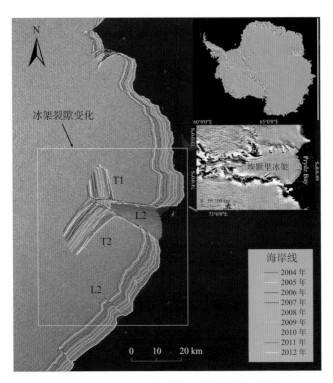

图3-8　2004—2012年埃默里冰架前端变化图

## 3.5.2　德里加尔斯基冰舌前端变化图

图 3-9 显示了德里加尔斯基冰舌边缘在 1973—2014 年间的变化，不同颜色代表不同年份的冰舌边缘。图片上方的小图对前缘的变化进行了突出显示，并将其分为了两个时间段，分别为 1973—2005 年和 2005—2011 年。

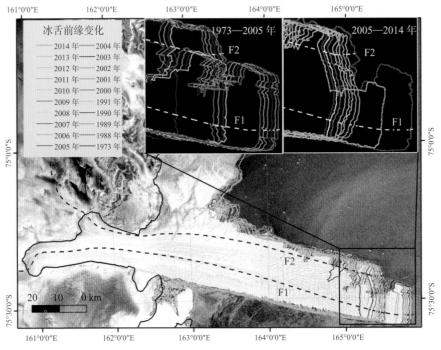

图3-9　1973—2014年德里加尔斯基（Drygalski）冰舌前缘变化图

## 3.6　南极蓝冰分布图

图 3-10 为全南极区域蓝冰分布图。红色部分是从 MOA 数据集中提取出的蓝冰区域，蓝色部分是从 ETM+ 数据中提取出的蓝冰区域（图 3-10）。

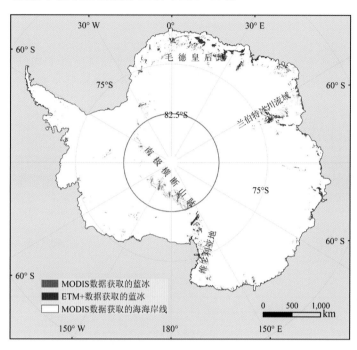

图3-10　南极洲蓝冰分布图

## 3.7　埃默里冰架高程图

图 3-11 为埃默里冰架区域高程分布图。由红色至蓝色表示高程逐渐增加，可以清晰地反映出该地区地形起伏。在精确计算并展示数据区高程的同时，该图中也清晰地展示了埃默里冰架部分区域的表面特征。

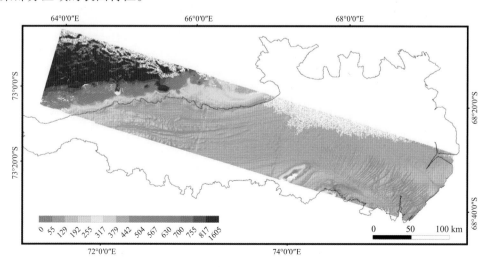

图3-11　埃默里（Amery）冰架高程图

# 第4章 南极海冰遥感考察图件

南极周边海冰遥感考察图件包括：①全南极海域海冰密集度月平均分布图；②中山站周边海域海冰密集度月平均分布图；③长城站周边海域海冰密集度月平均分布图。

## 4.1 全南极海域海冰密集度月平均分布图

利用DMPS/SSMIS海冰密集度逐日产品，计算获取每月的海冰密集度分布，得到南极周边海域海冰密集度月平均分布图（2008—2013年）。

**2008年1月南极周边海冰密集度专题图**

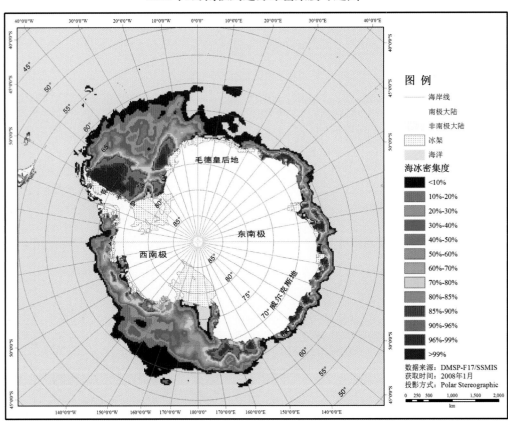

## 2008年2月南极周边海冰密集度专题图

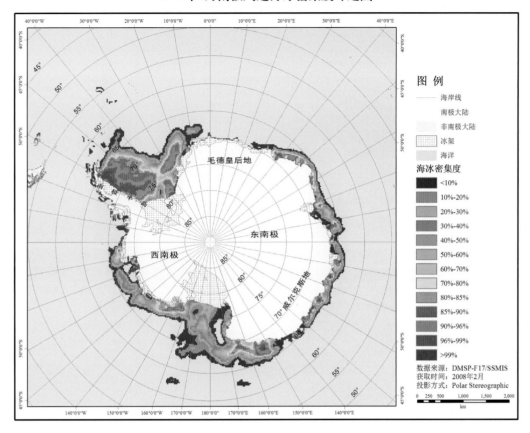

## 2008年3月南极周边海冰密集度专题图

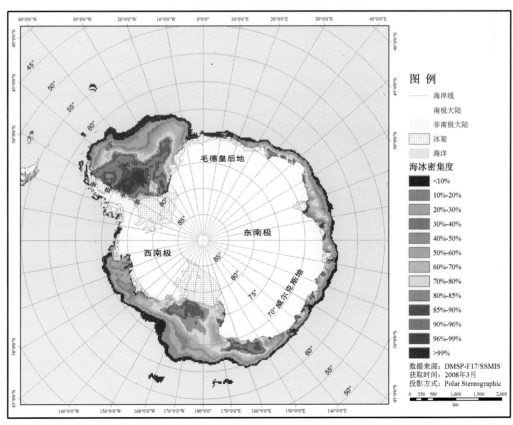

## 2008年4月南极周边海冰密集度专题图

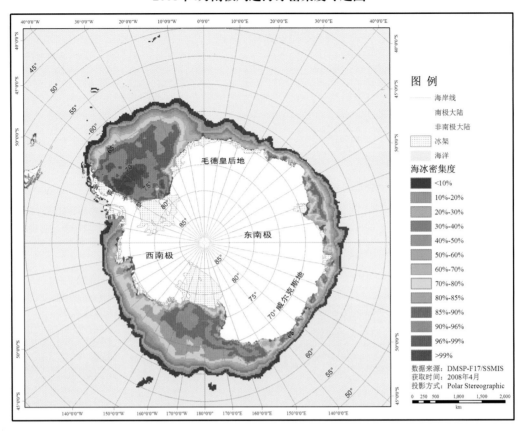

## 2008年5月南极周边海冰密集度专题图

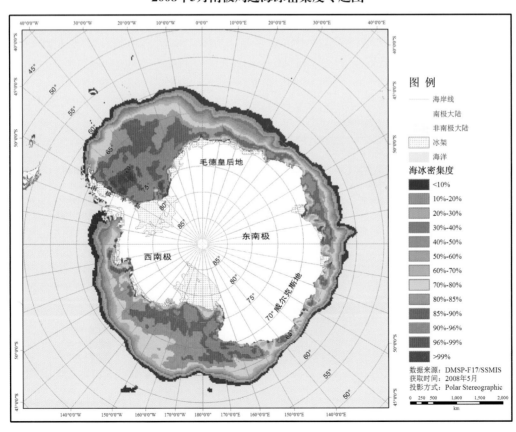

## 2008年6月南极周边海冰密集度专题图

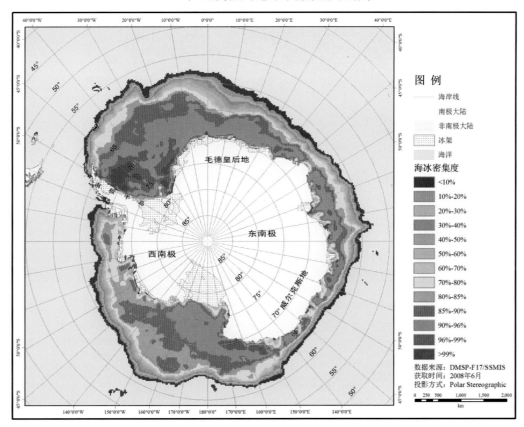

## 2008年7月南极周边海冰密集度专题图

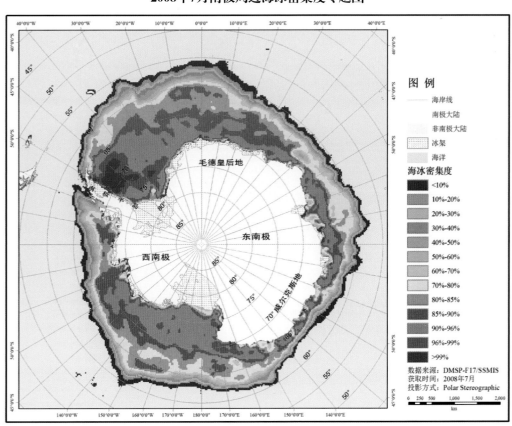

## 2008年8月南极周边海冰密集度专题图

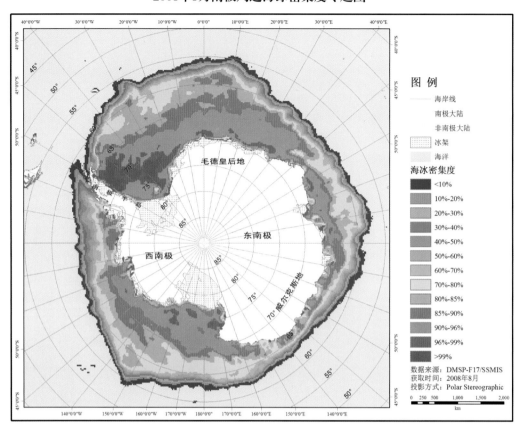

## 2008年9月南极周边海冰密集度专题图

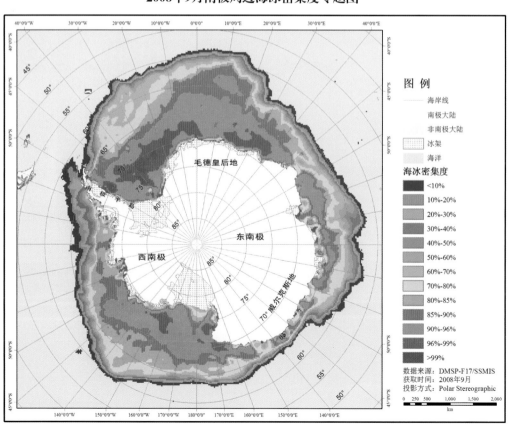

## 2008年10月南极周边海冰密集度专题图

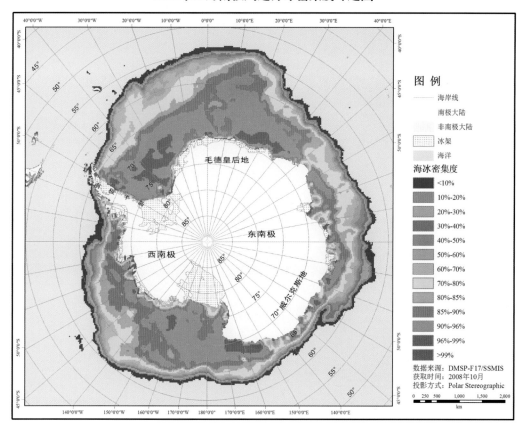

## 2008年11月南极周边海冰密集度专题图

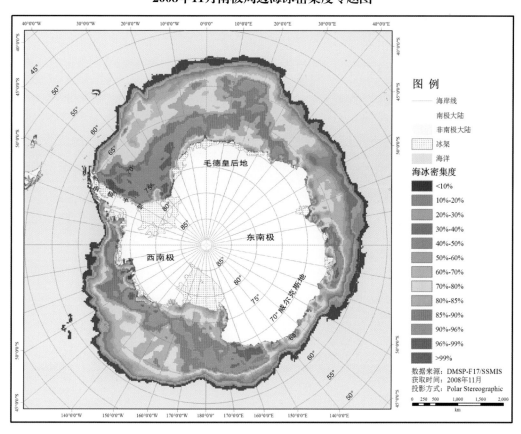

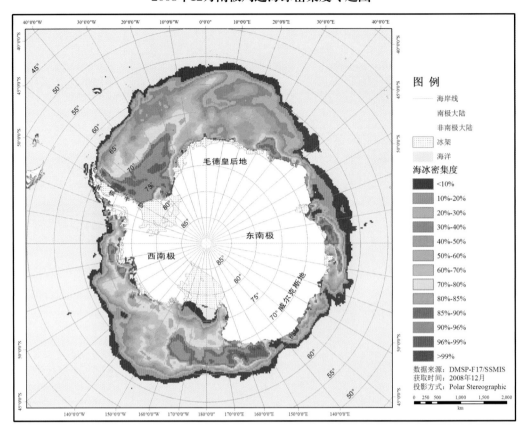

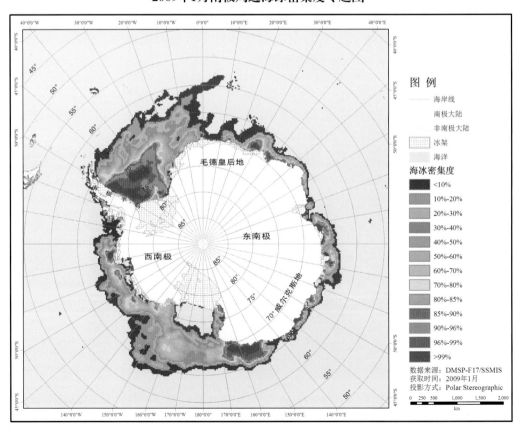

## 2008年12月南极周边海冰密集度专题图

## 2009年1月南极周边海冰密集度专题图

## 2009年2月南极周边海冰密集度专题图

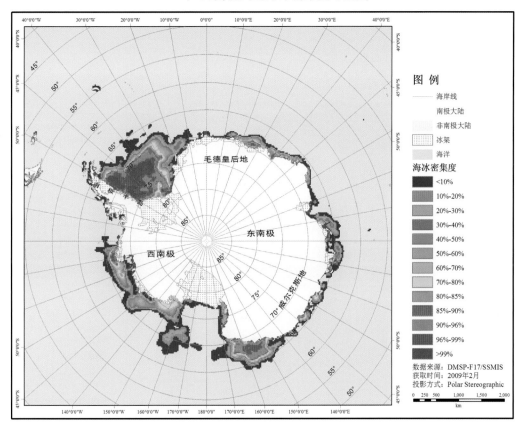

## 2009年3月南极周边海冰密集度专题图

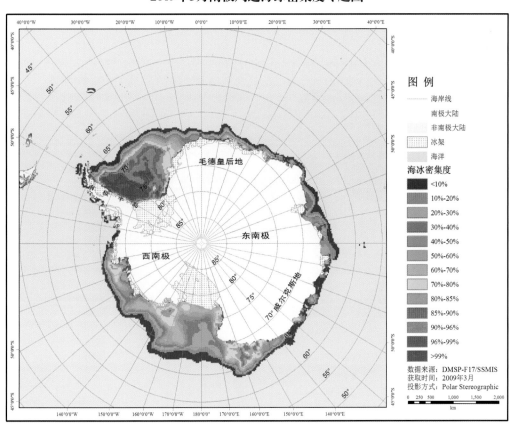

## 2009年4月南极周边海冰密集度专题图

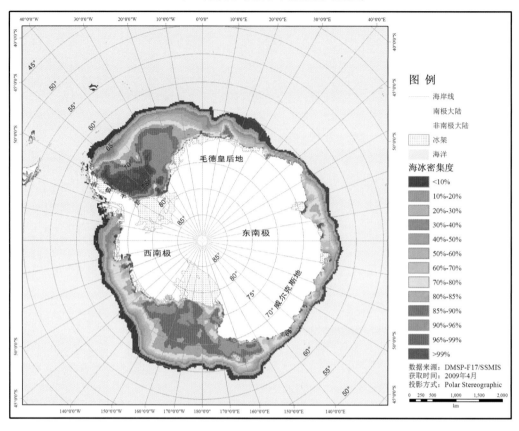

## 2009年5月南极周边海冰密集度专题图

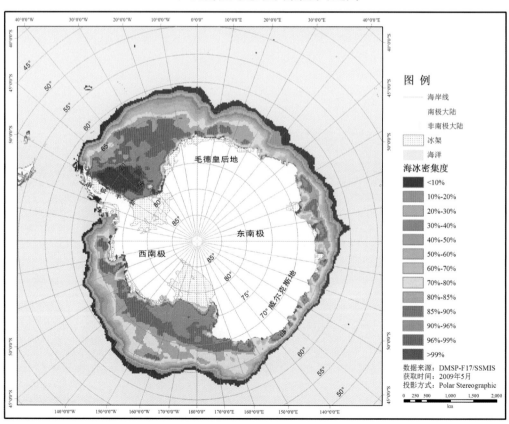

**2009年6月南极周边海冰密集度专题图**

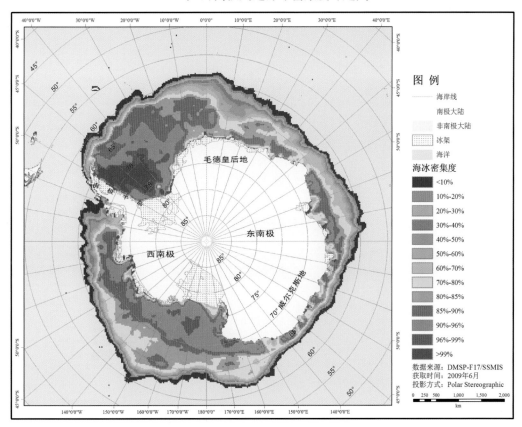

**2009年7月南极周边海冰密集度专题图**

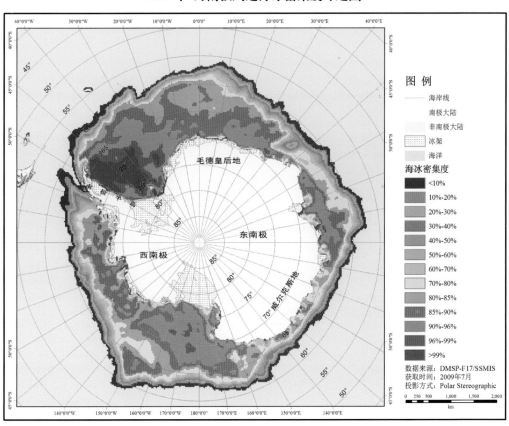

## 2009年8月南极周边海冰密集度专题图

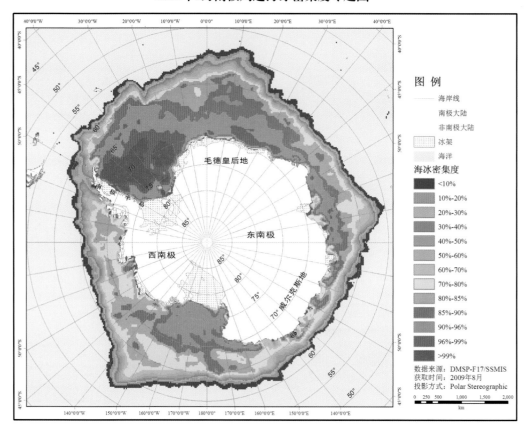

## 2009年9月南极周边海冰密集度专题图

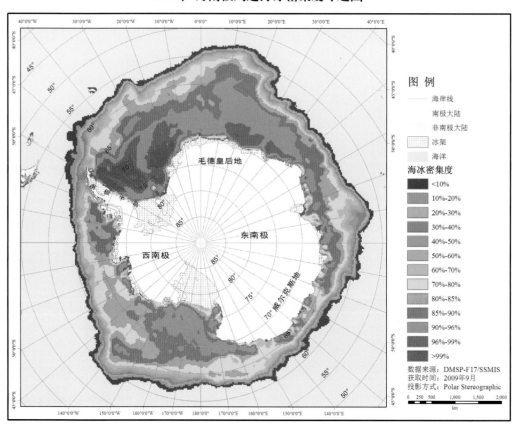

## 2009年10月南极周边海冰密集度专题图

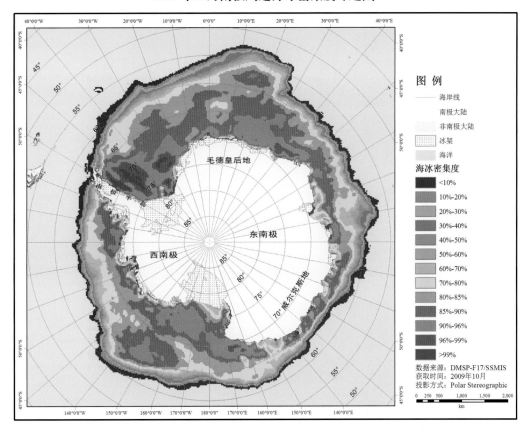

## 2009年11月南极周边海冰密集度专题图

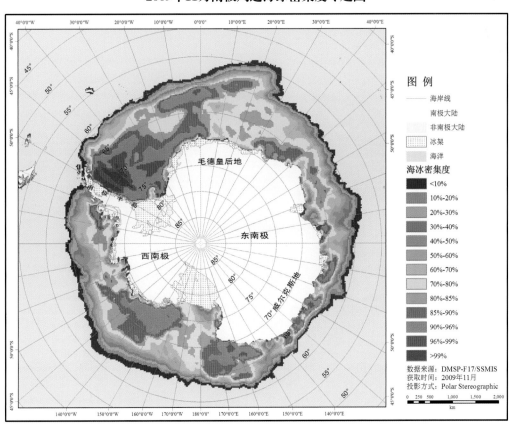

## 2009年12月南极周边海冰密集度专题图

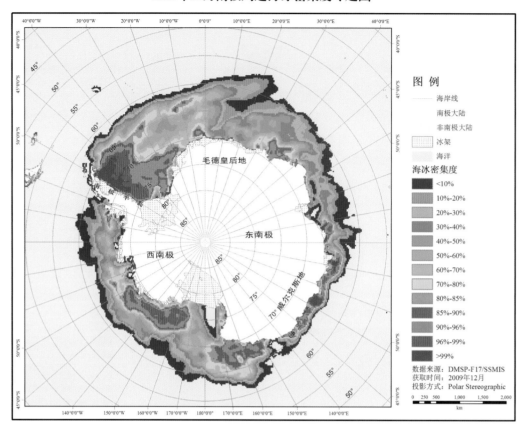

## 2010年1月南极周边海冰密集度专题图

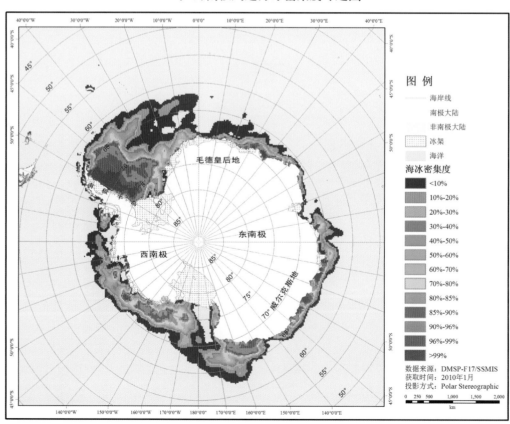

**2010年2月南极周边海冰密集度专题图**

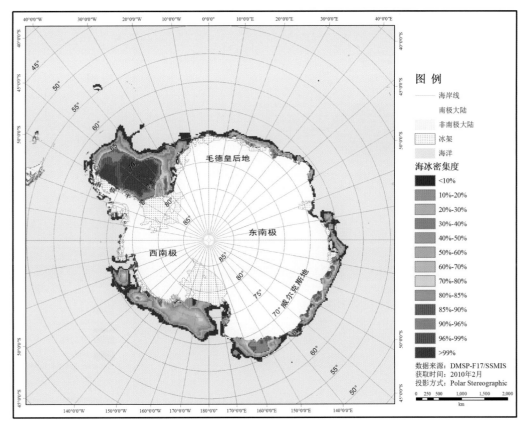

**2010年3月南极周边海冰密集度专题图**

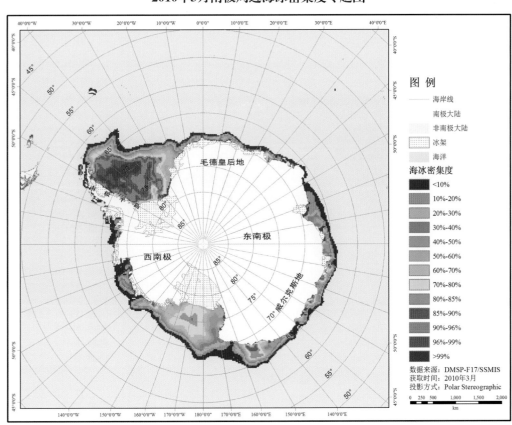

**2010年4月南极周边海冰密集度专题图**

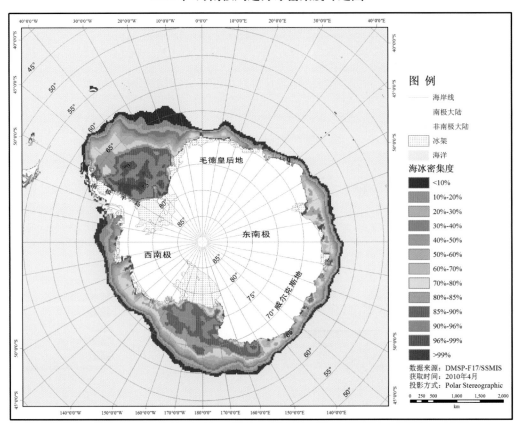

**2010年5月南极周边海冰密集度专题图**

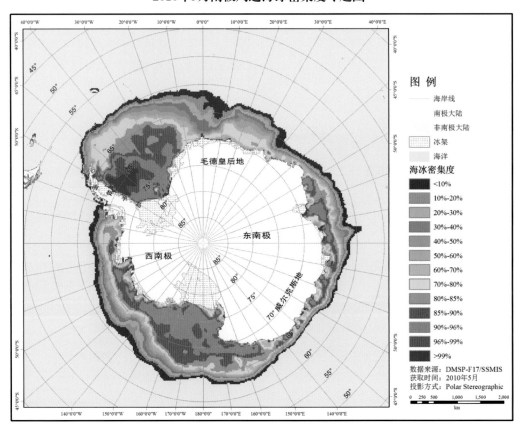

## 2010年6月南极周边海冰密集度专题图

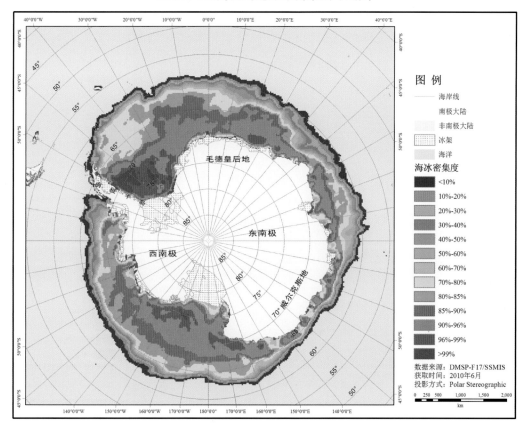

## 2010年7月南极周边海冰密集度专题图

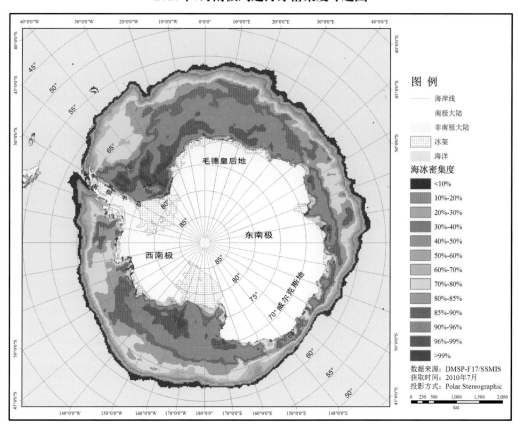

## 2010年8月南极周边海冰密集度专题图

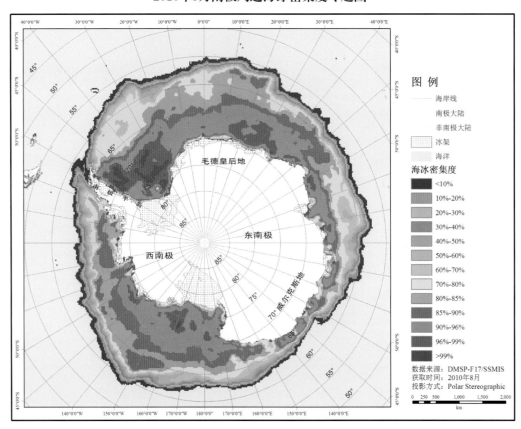

## 2010年9月南极周边海冰密集度专题图

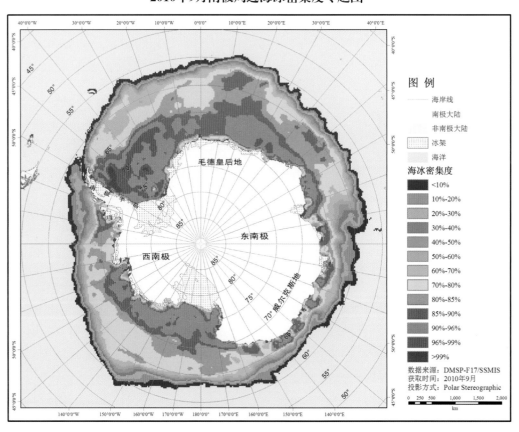

## 2010年10月南极周边海冰密集度专题图

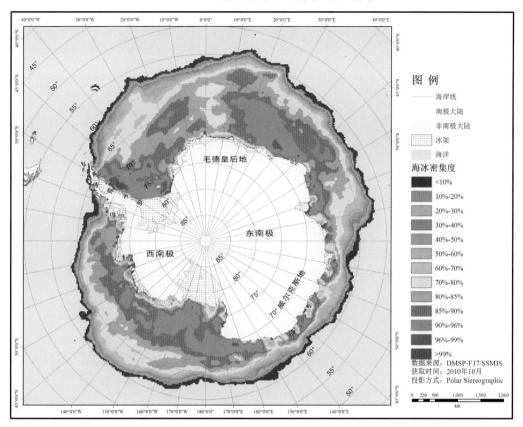

## 2010年11月南极周边海冰密集度专题图

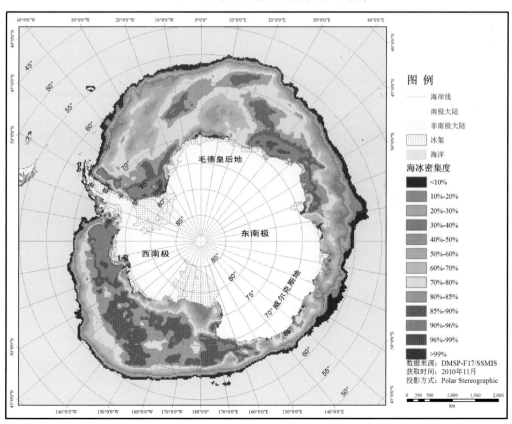

## 2010年12月南极周边海冰密集度专题图

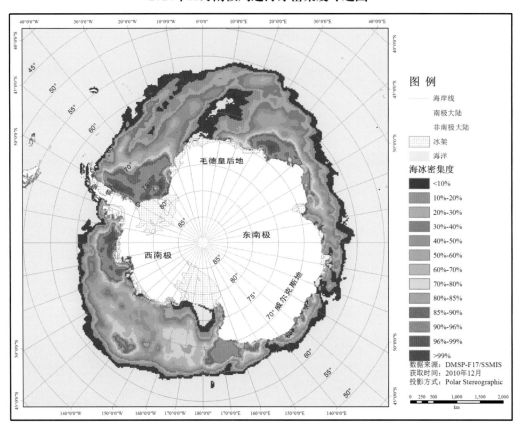

## 2011年1月南极周边海冰密集度专题图

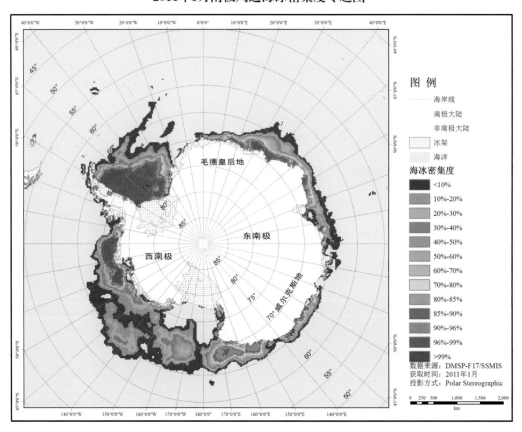

38

## 2011年2月南极周边海冰密集度专题图

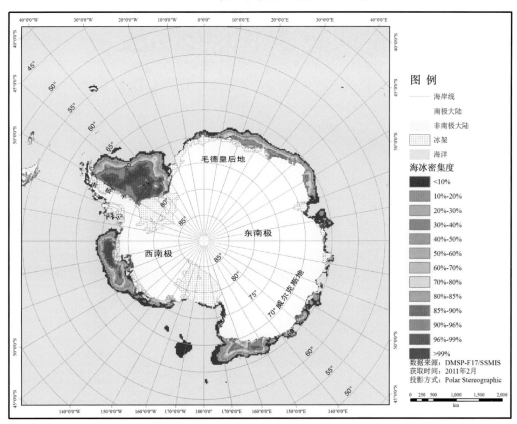

## 2011年3月南极周边海冰密集度专题图

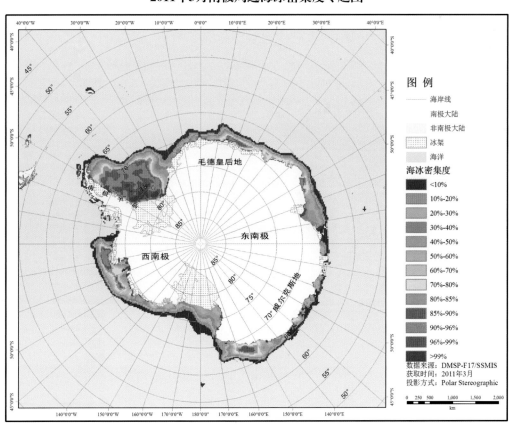

## 2011年4月南极周边海冰密集度专题图

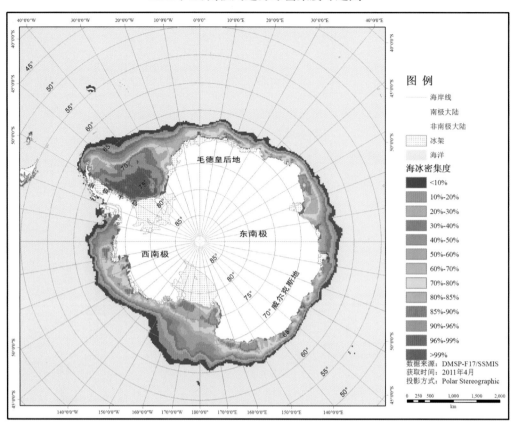

## 2011年5月南极周边海冰密集度专题图

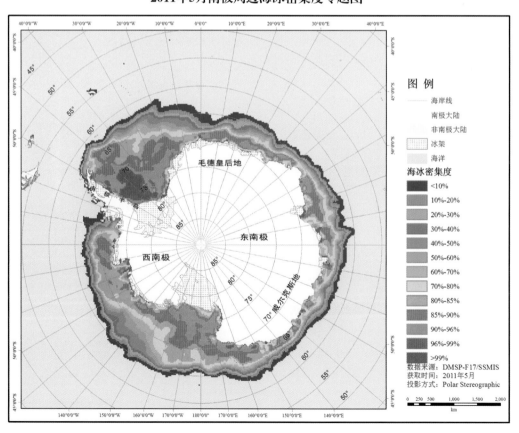

## 2011年6月南极周边海冰密集度专题图

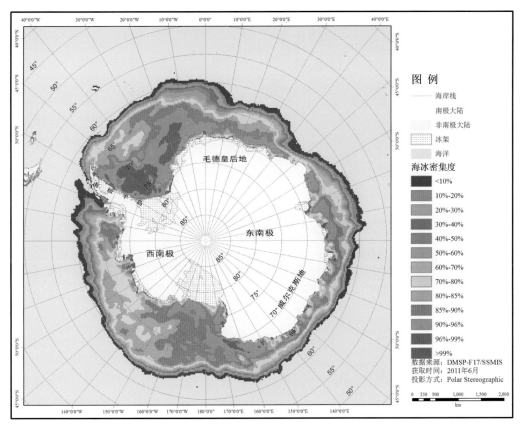

## 2011年7月南极周边海冰密集度专题图

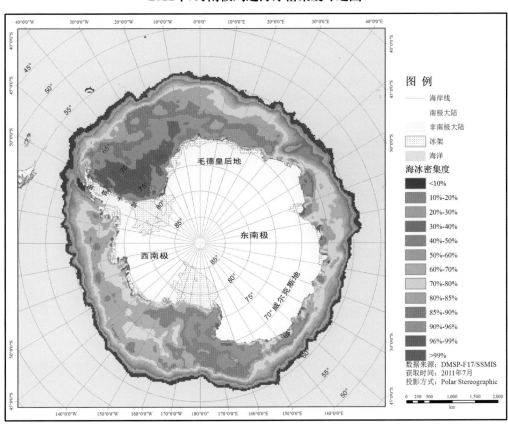

## 2011年8月南极周边海冰密集度专题图

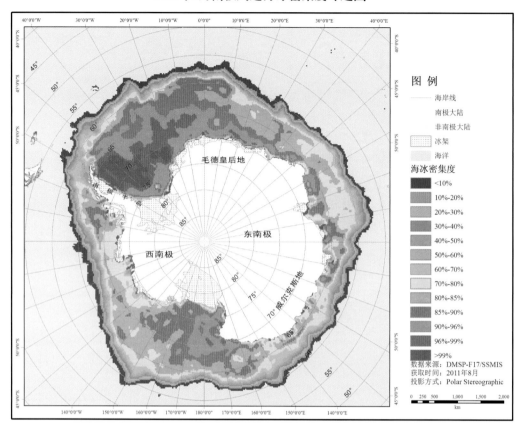

## 2011年9月南极周边海冰密集度专题图

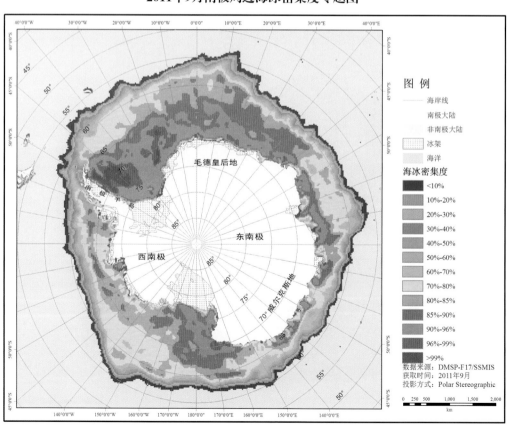

## 2011年10月南极周边海冰密集度专题图

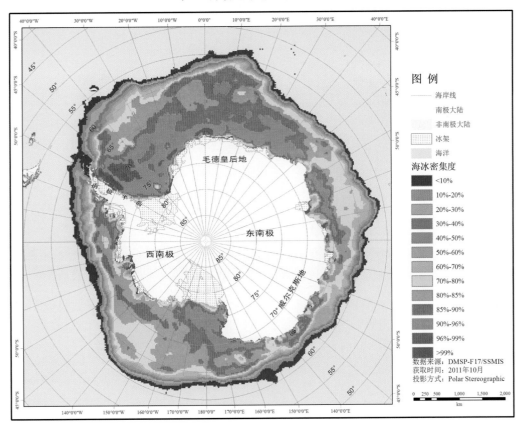

## 2011年11月南极周边海冰密集度专题图

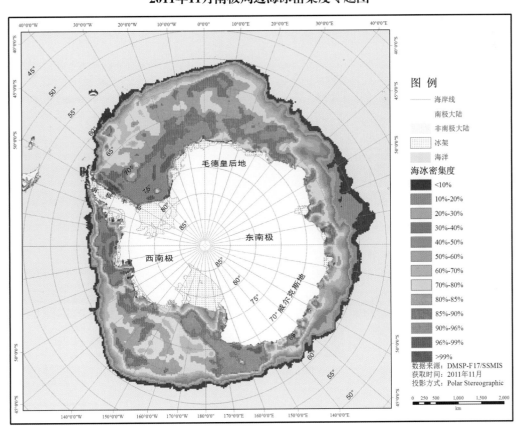

## 2011年12月南极周边海冰密集度专题图

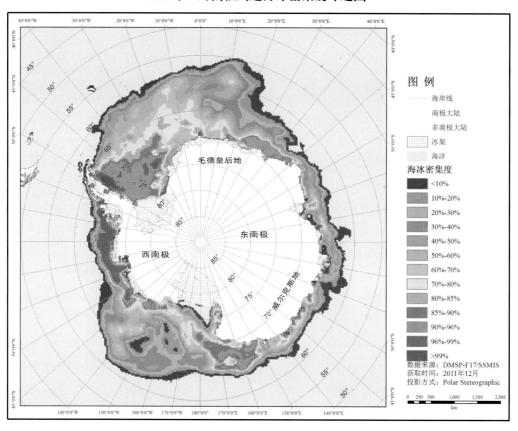

## 2012年1月南极周边海冰密集度专题图

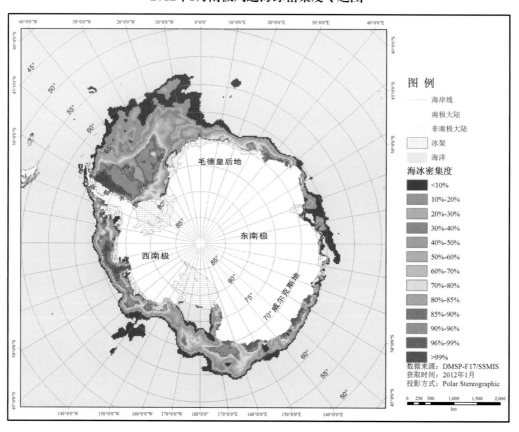

## 2012年2月南极周边海冰密集度专题图

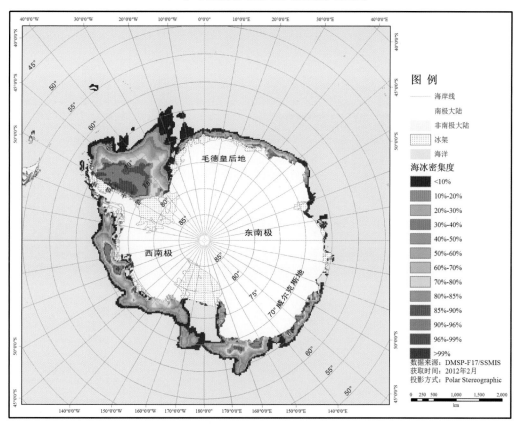

## *2012年3月南极周边海冰密集度专题图*

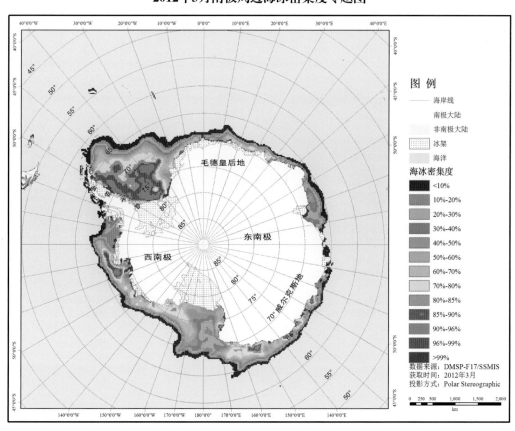

## 2012年4月南极周边海冰密集度专题图

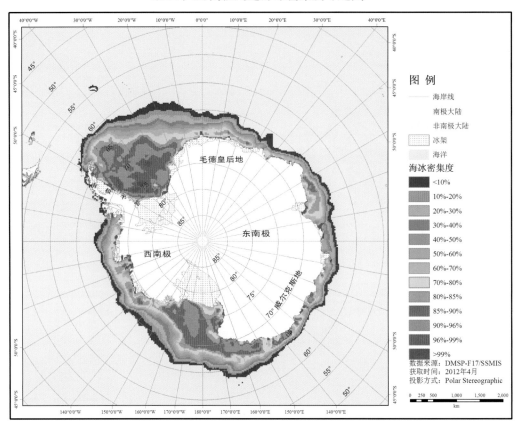

## 2012年5月南极周边海冰密集度专题图

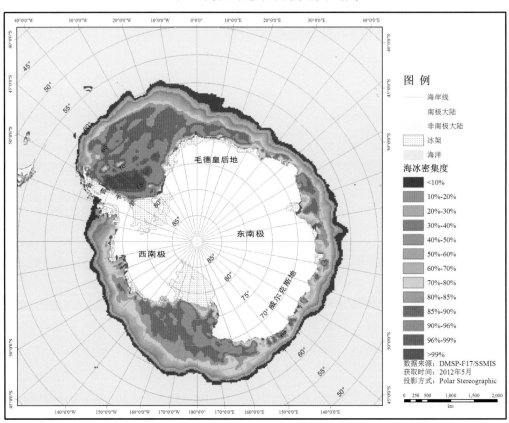

## 2012年6月南极周边海冰密集度专题图

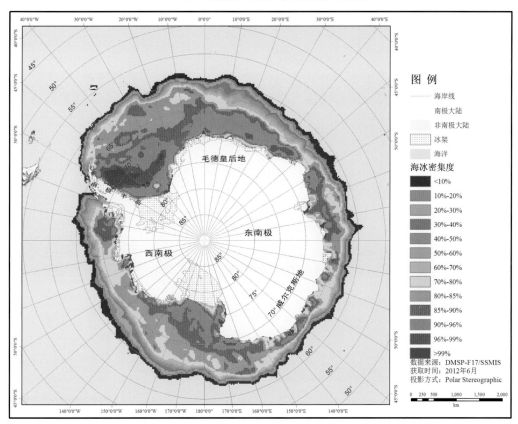

## 2012年7月南极周边海冰密集度专题图

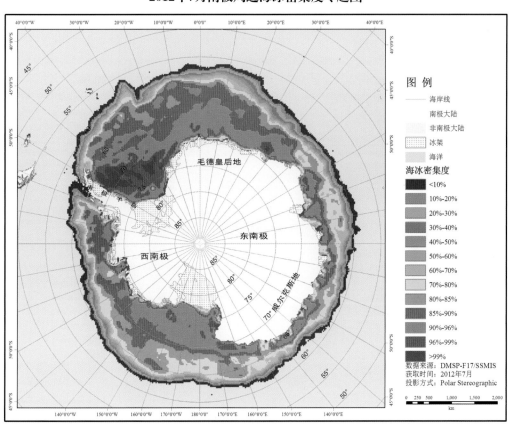

## 2012年8月南极周边海冰密集度专题图

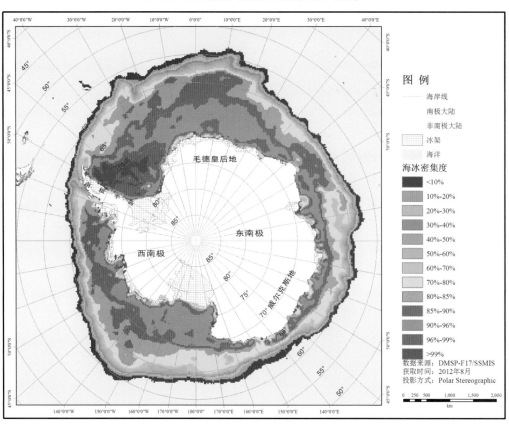

## 2012年9月南极周边海冰密集度专题图

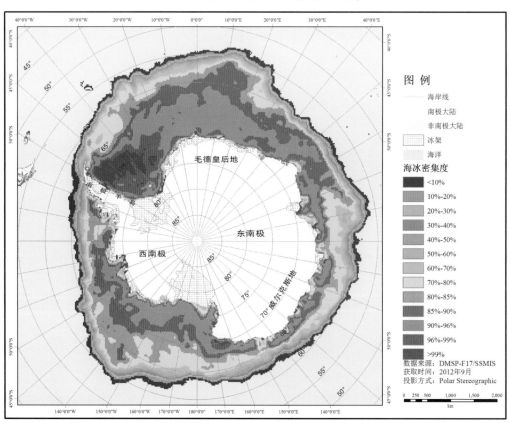

## 2012年10月南极周边海冰密集度专题图

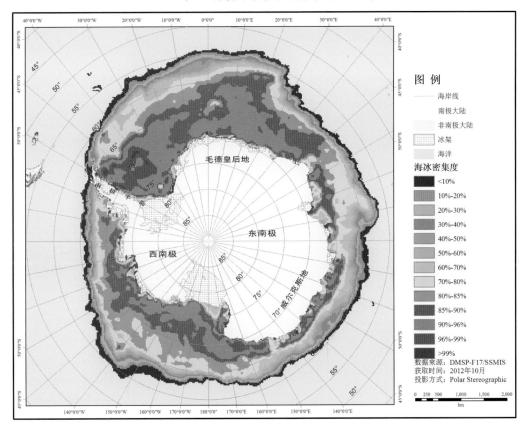

## 2012年11月南极周边海冰密集度专题图

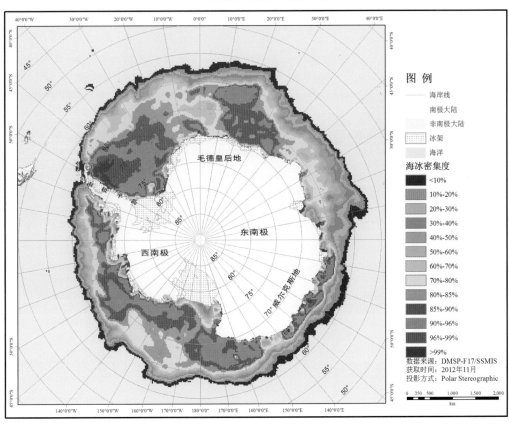

南极地区 环境遥感考察图集

## 2012年12月南极周边海冰密集度专题图

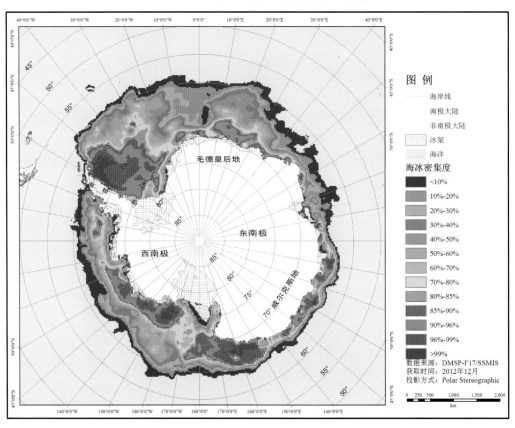

## 2013年1月南极周边海冰密集度专题图

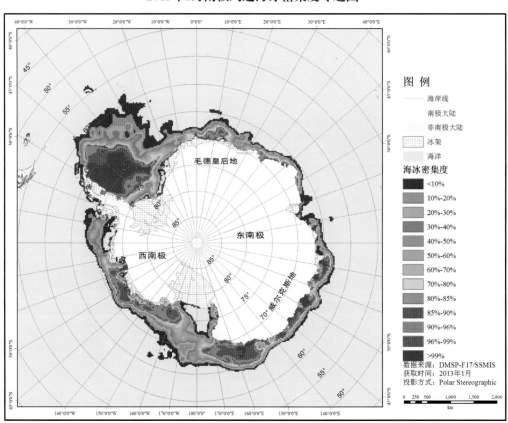

## 2013年2月南极周边海冰密集度专题图

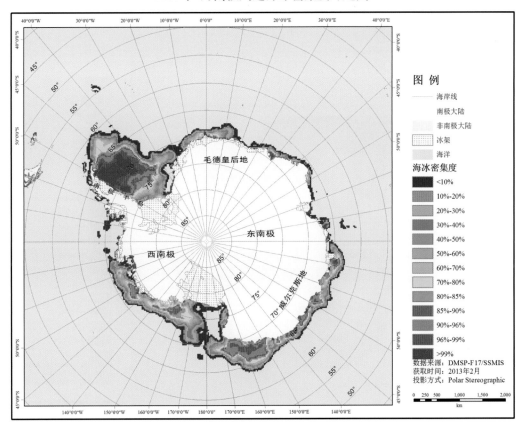

## 2013年3月南极周边海冰密集度专题图

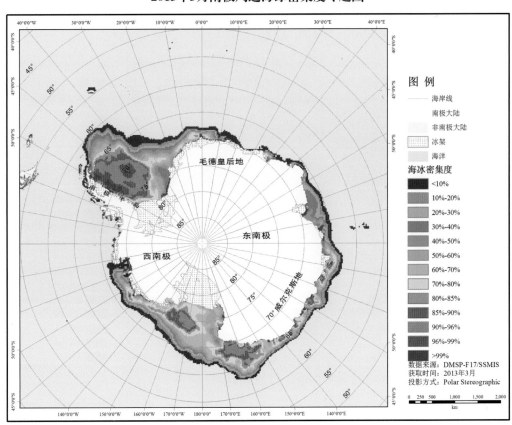

## 2013年4月南极周边海冰密集度专题图

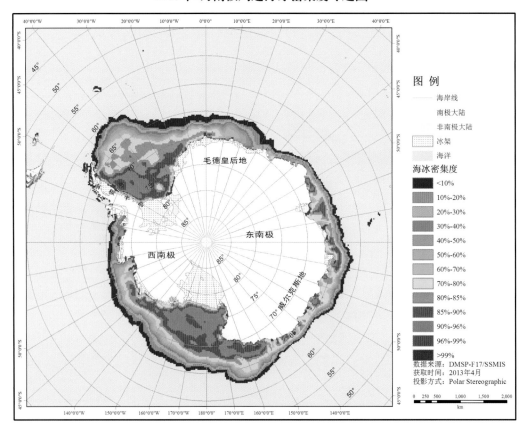

## 2013年5月南极周边海冰密集度专题图

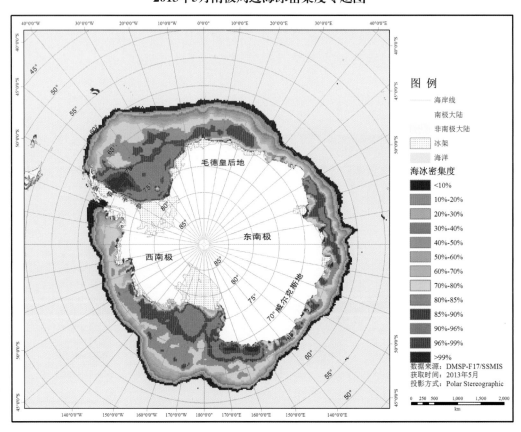

## 2013年6月南极周边海冰密集度专题图

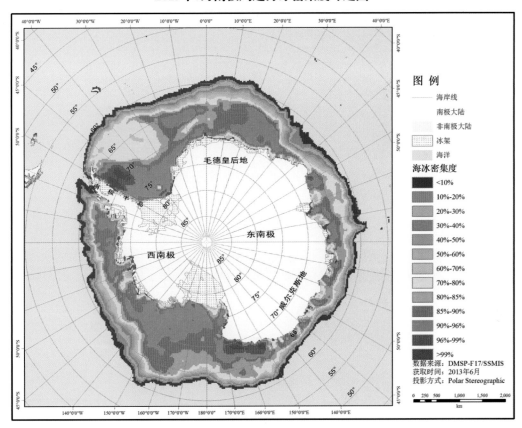

## 2013年7月南极周边海冰密集度专题图

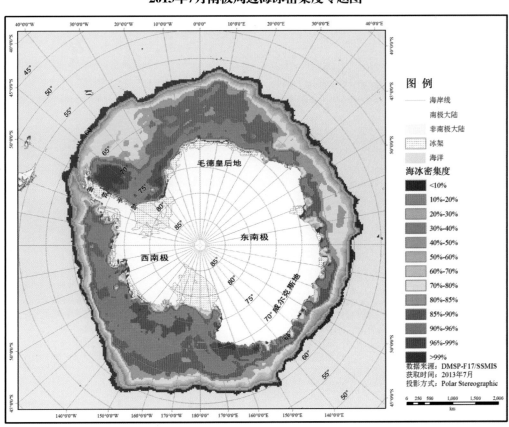

## 2013年8月南极周边海冰密集度专题图

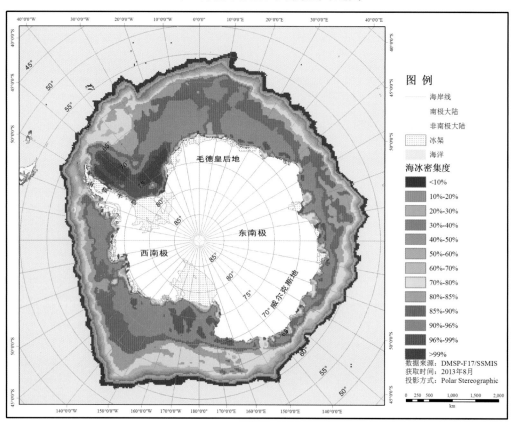

## 2013年9月南极周边海冰密集度专题图

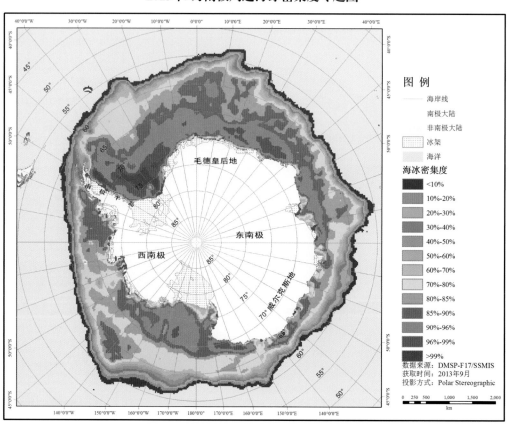

## 2013年10月南极周边海冰密集度专题图

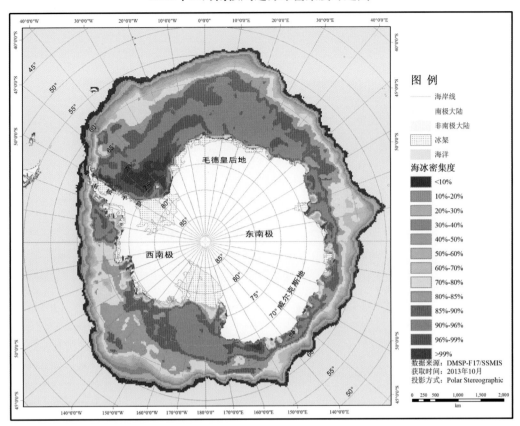

## 2013年11月南极周边海冰密集度专题图

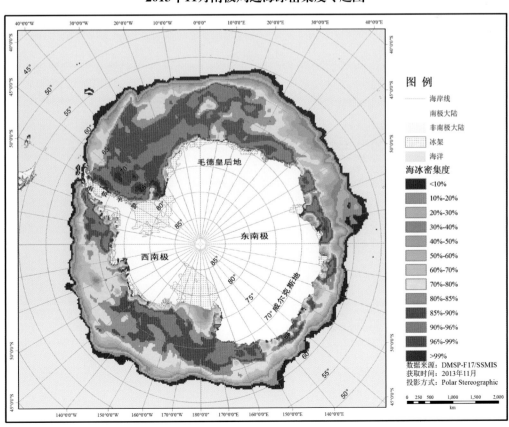

## 2013年12月南极周边海冰密集度专题图

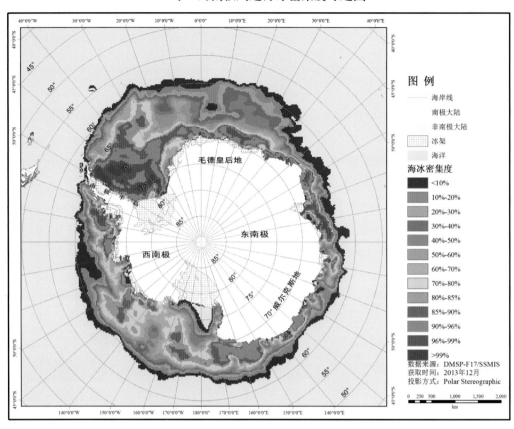

## 4.2　中山站周边海域海冰密集度月平均分布图

利用 MODIS 卫星数据，计算中山站周边海域海冰密集度，经平均处理计算得到每月的海冰密集度分布图，下图仅列出南极光照条件较好的几个月。

**2008年1月中山站周边海冰密集度专题图**

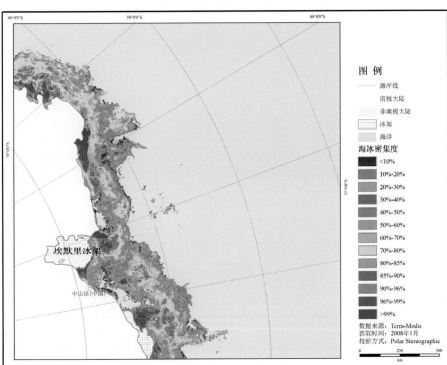

**2008年2月中山站周边海冰密集度专题图**

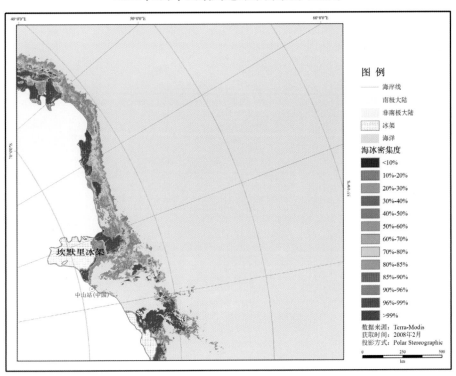

## 2008年9月中山站周边海冰密集度专题图

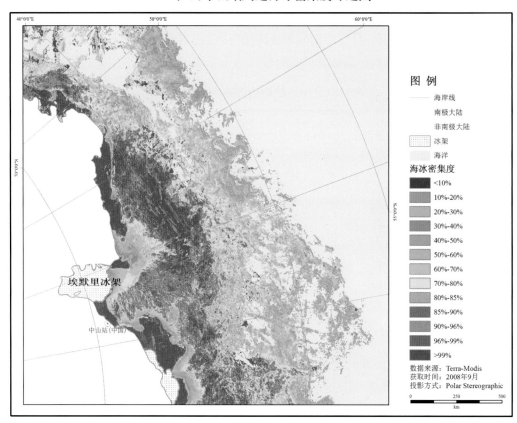

## 2008年10月南极周边海冰密集度专题图

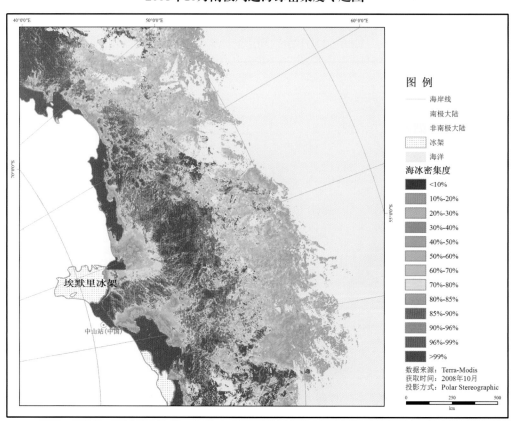

## 2008年11月中山站周边海冰密集度专题图

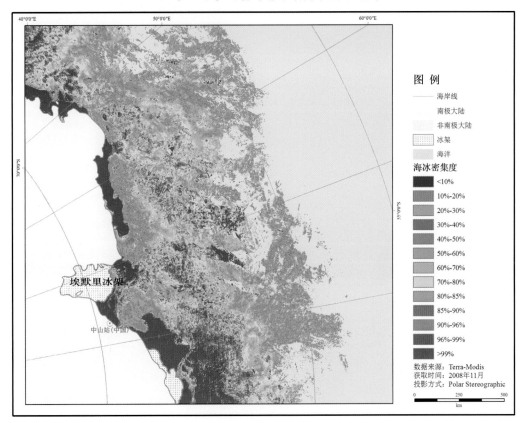

## 2008年12月中山站周边海冰密集度专题图

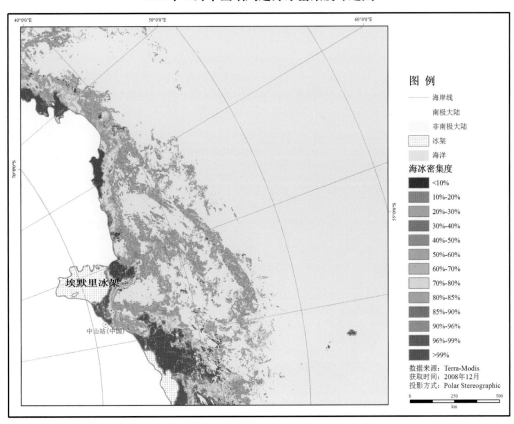

## 2009年1月中山站周边海冰密集度专题图

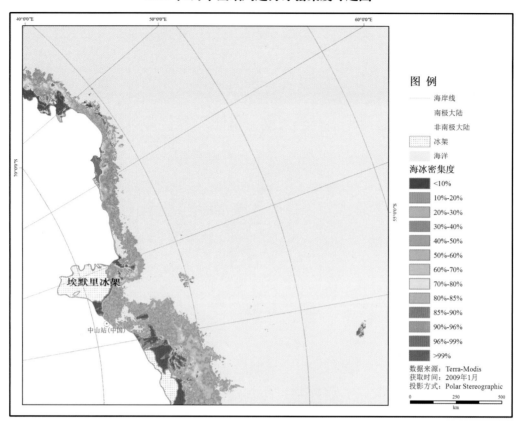

## 2009年2月中山站周边海冰密集度专题图

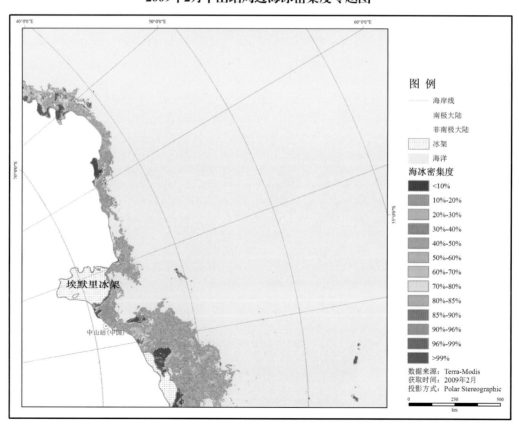

## 2009年9月中山站周边海冰密集度专题图

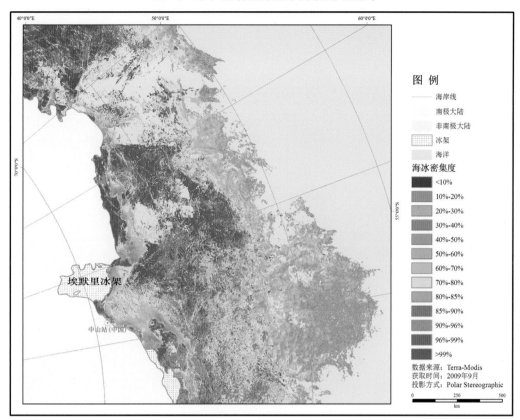

## 2009年10月中山站周边海冰密集度专题图

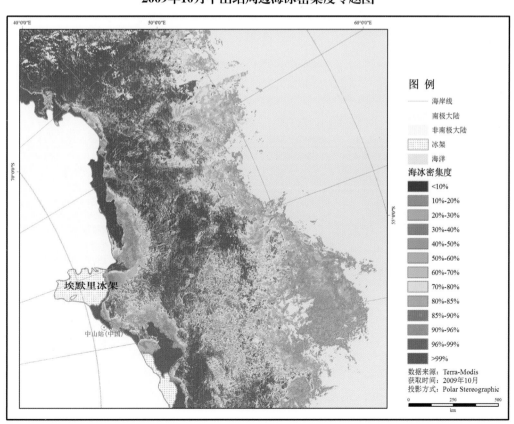

## 2009年11月中山站周边海冰密集度专题图

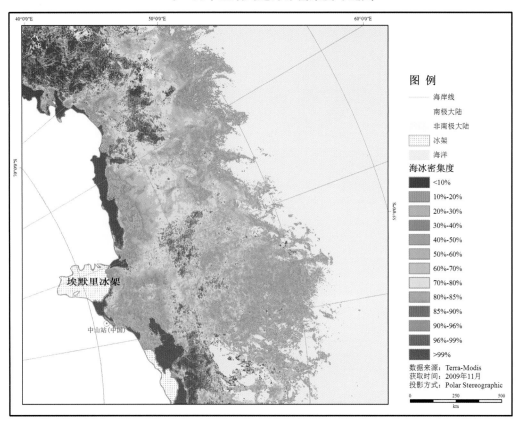

## 2009年12月中山站周边海冰密集度专题图

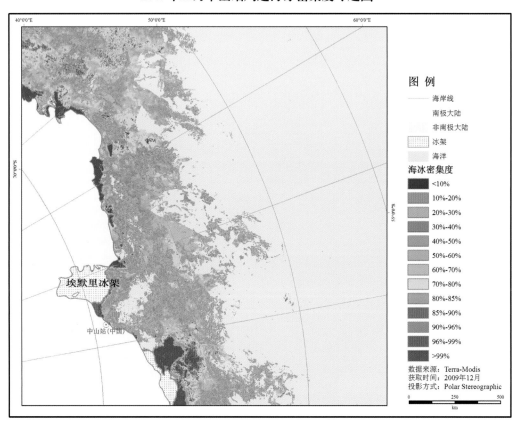

## 2013年1月中山站周边海冰密集度专题图

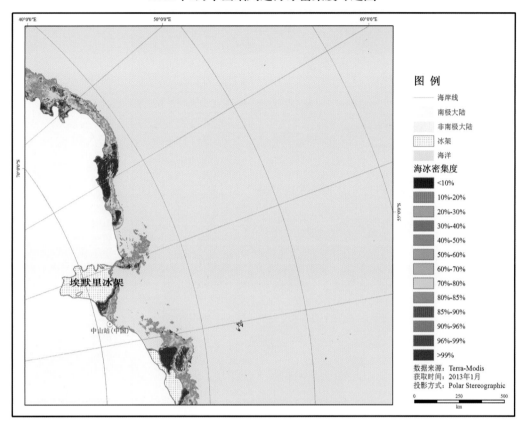

## 2013年2月中山站周边海冰密集度专题图

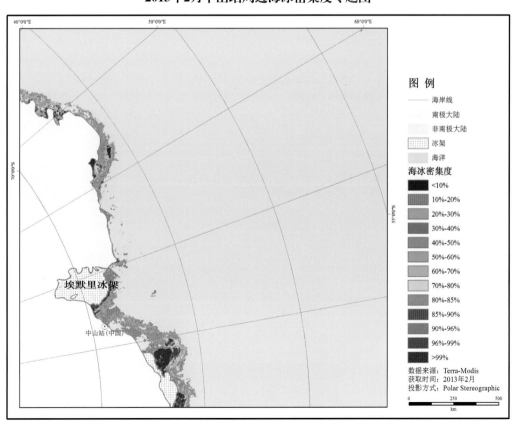

## 2013年9月中山站周边海冰密集度专题图

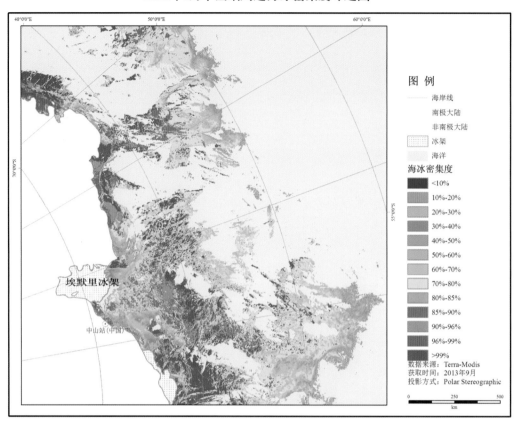

## 2013年10月中山站周边海冰密集度专题图

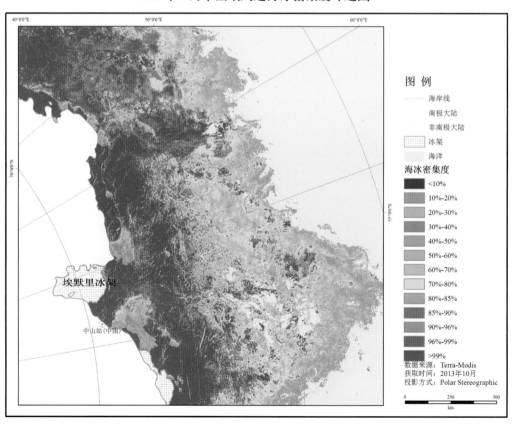

## 2013年11月中山站周边海冰密集度专题图

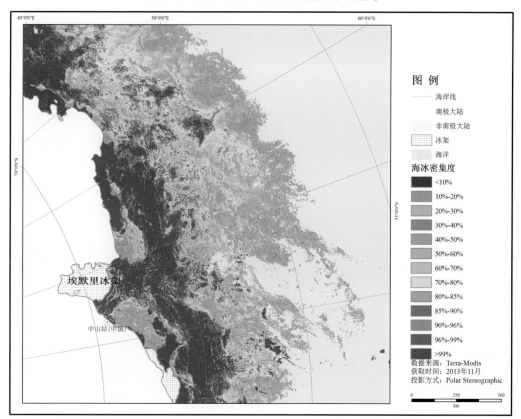

## 2013年12月中山站周边海冰密集度专题图

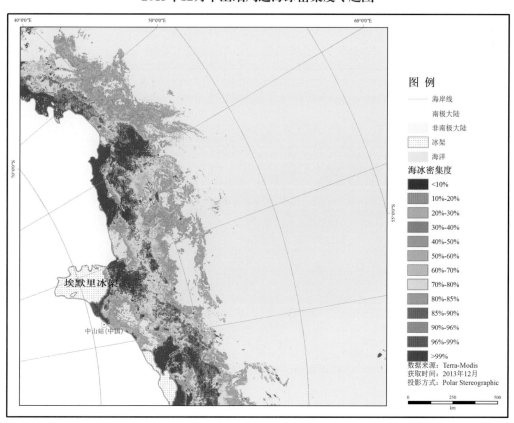

## 4.3 长城站周边海域海冰密集度月平均分布图

利用 MODIS 卫星数据，计算长城站周边海域海冰密集度，经平均处理计算得到每月的海冰密集度分布图，下图仅列出南极光照条件较好的几个月。

**2008年1月长城站周边海冰密集度专题图**

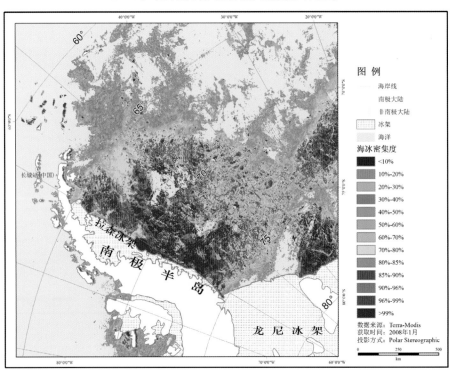

**2008年2月长城站周边海冰密集度专题图**

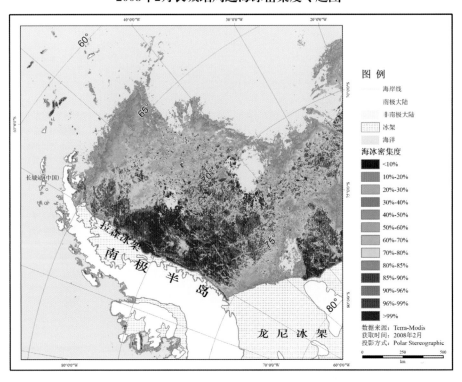

## 2008年9月长城站周边海冰密集度专题图

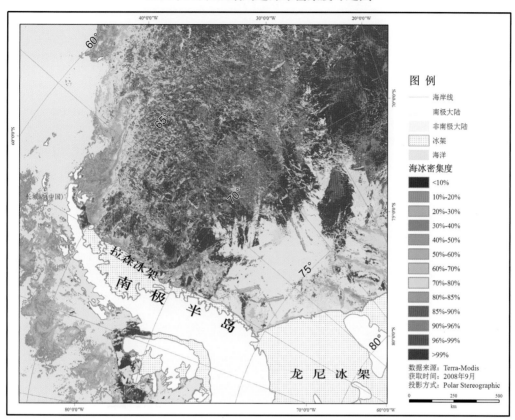

## 2008年10月长城站周边海冰密集度专题图

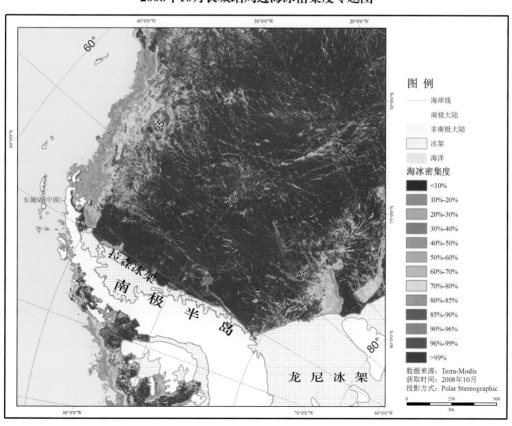

## 2008年11月长城站周边海冰密集度专题图

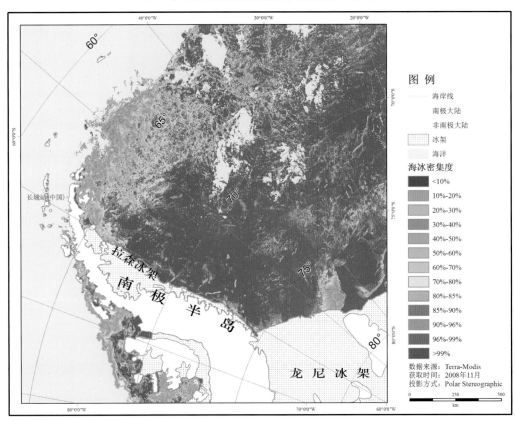

## 2008年12月长城站周边海冰密集度专题图

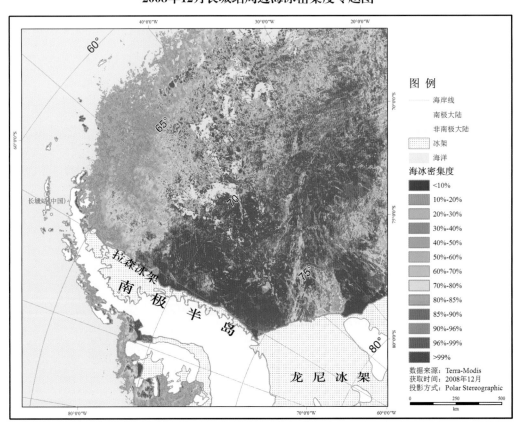

## 2009年1月长城站周边海冰密集度专题图

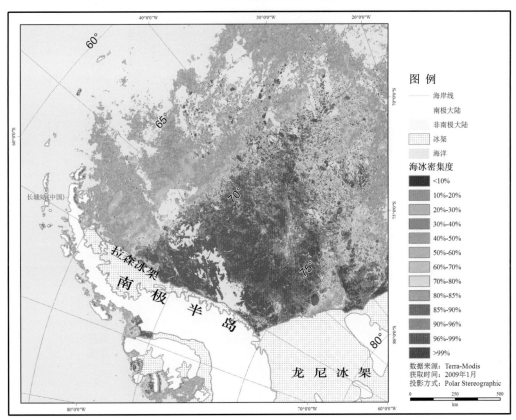

## 2009年2月长城站周边海冰密集度专题图

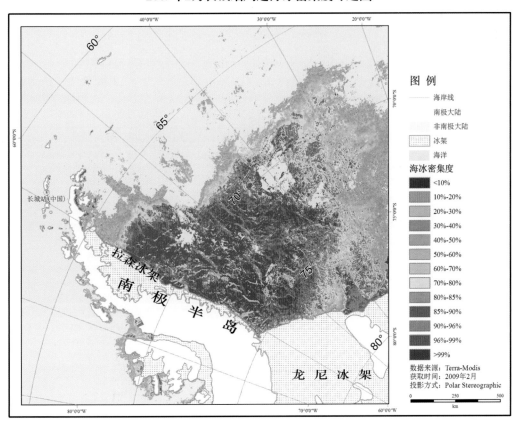

## 2009年9月长城站周边海冰密集度专题图

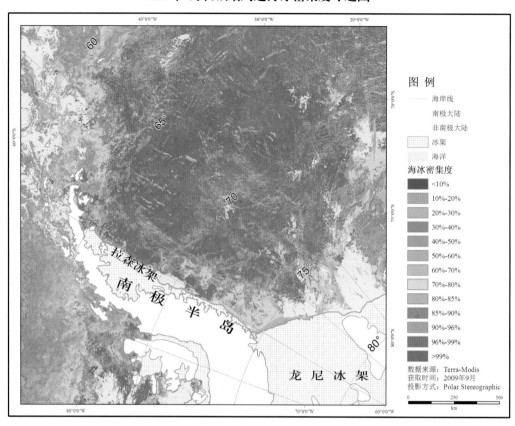

## 2009年10月长城站周边海冰密集度专题图

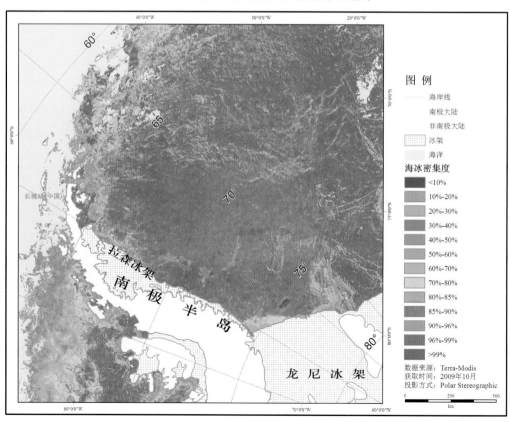

## 2009年11月长城站周边海冰密集度专题图

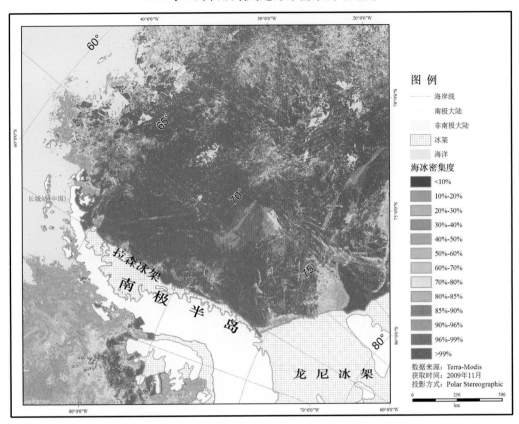

## 2009年12月长城站周边海冰密集度专题图

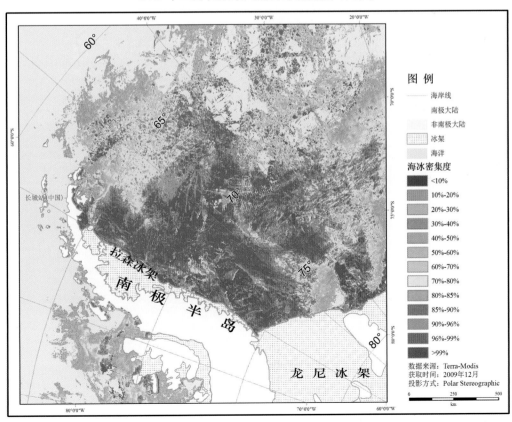

## 2013年1月长城站周边海冰密集度专题图

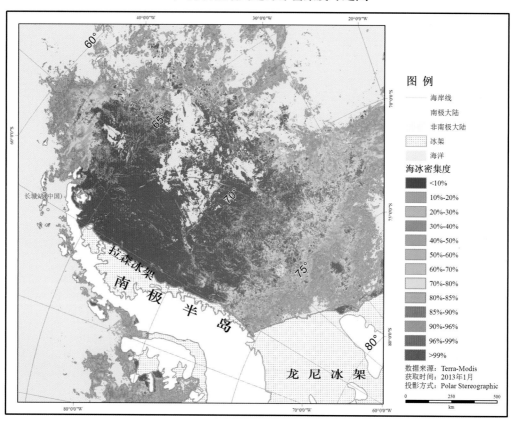

## 2013年2月长城站周边海冰密集度专题图

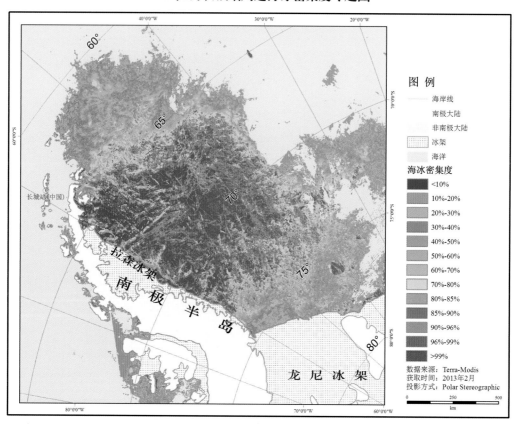

**2013年9月长城站周边海冰密集度专题图**

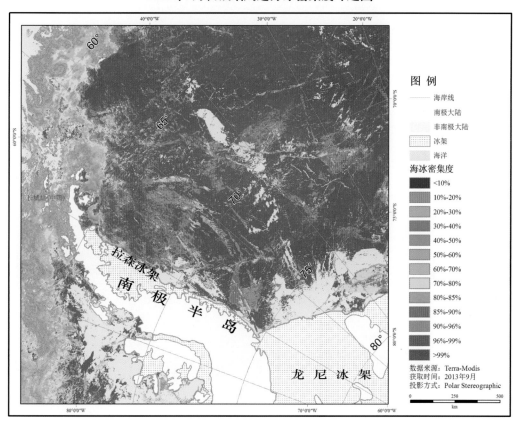

**2013年10月长城站周边海冰密集度专题图**

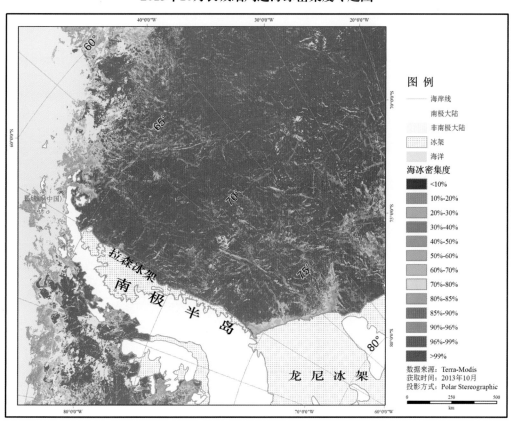

## 2013年11月长城站周边海冰密集度专题图

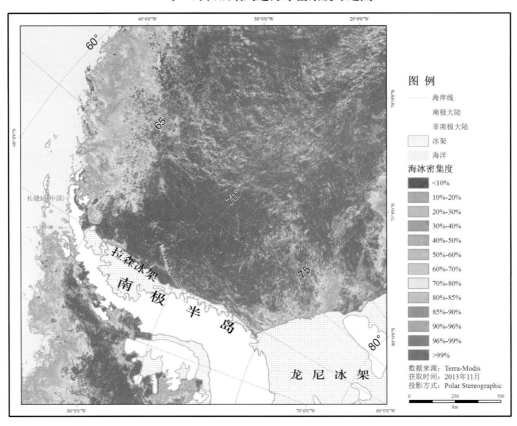

## 2013年12月长城站周边海冰密集度专题图

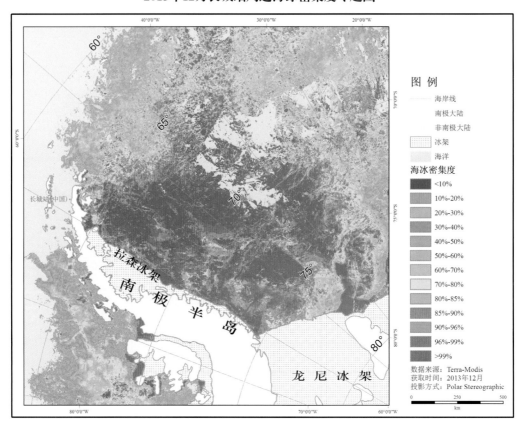

# 第5章 南极周边海域水色水温遥感考察图件

南极周边海域水色水温遥感考察图件包括：①南极周边海域叶绿素浓度月平均分布图；②南极周边海域海温月平均分布图。

## 5.1 南极周边海域叶绿素浓度月平均分布图

利用 MODIS 数据卫星获取南极周边海域叶绿素浓度，经月平均处理后得到叶绿素浓度月平均分布（2002—2015 年）。

**2002年10月南极地区叶绿素浓度专题图**

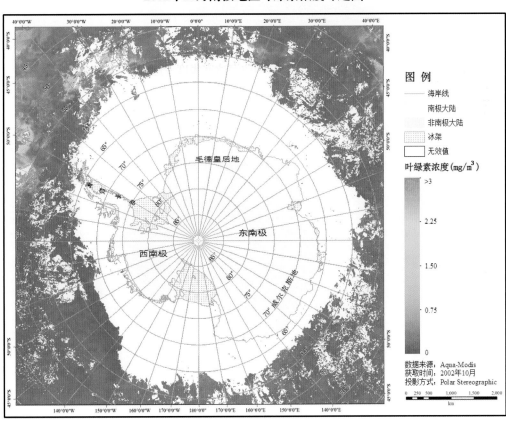

## 2002年11月南极地区叶绿素浓度专题图

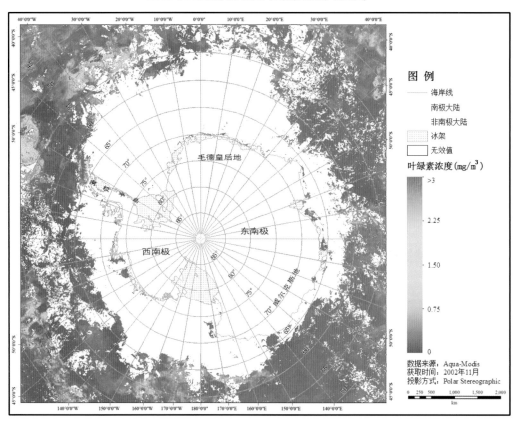

## 2002年12月南极地区叶绿素浓度专题图

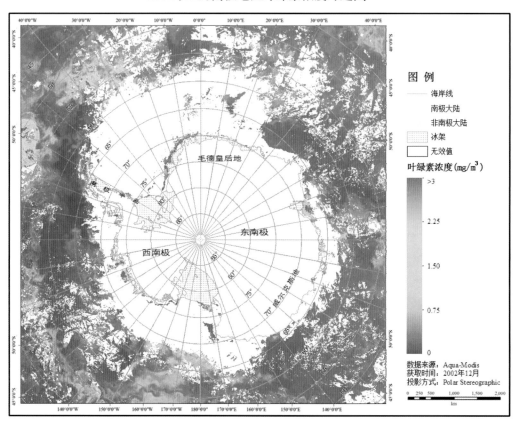

## 2003年1月南极地区叶绿素浓度专题图

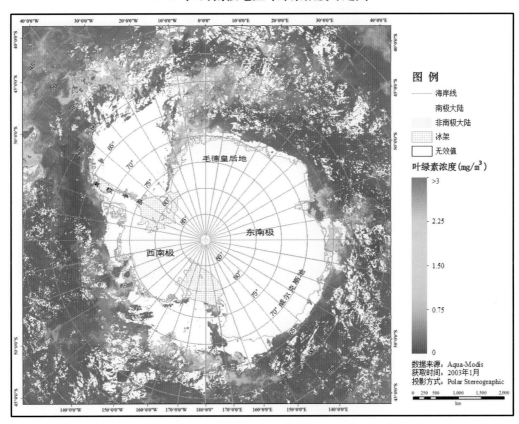

## 2003年2月南极地区叶绿素浓度专题图

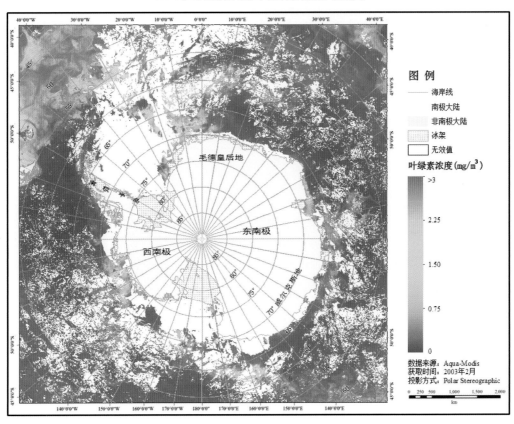

## 2003年3月南极地区叶绿素浓度专题图

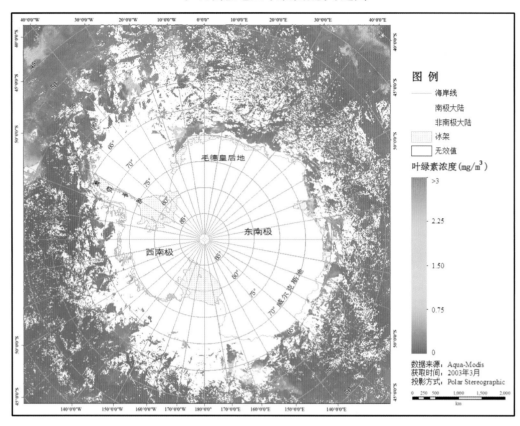

## 2003年10月南极地区叶绿素浓度专题图

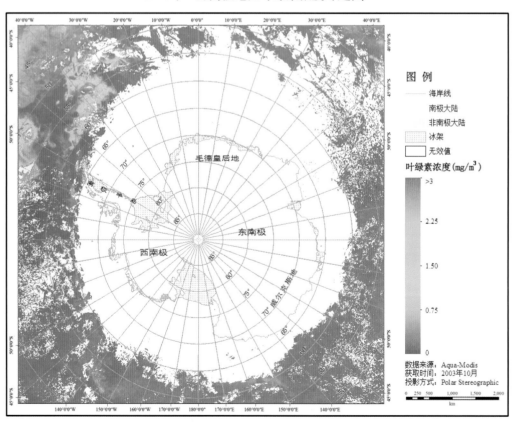

## 2003年11月南极地区叶绿素浓度专题图

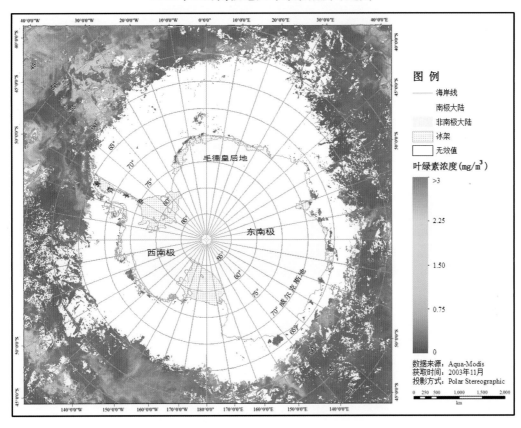

## 2003年12月南极地区叶绿素浓度专题图

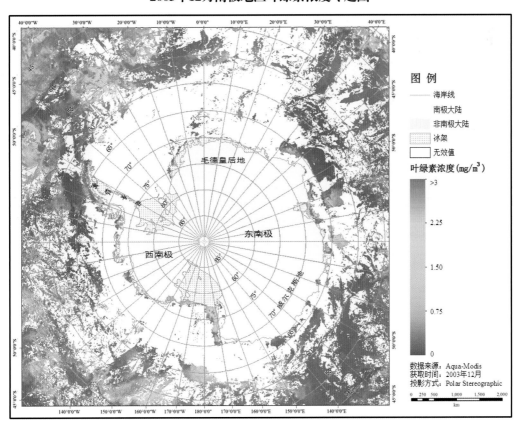

## 2004年1月南极地区叶绿素浓度专题图

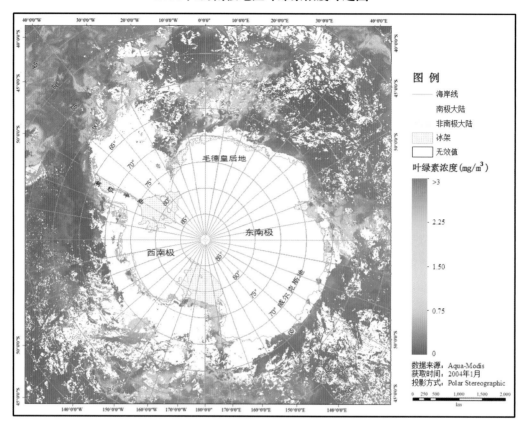

## 2004年2月南极地区叶绿素浓度专题图

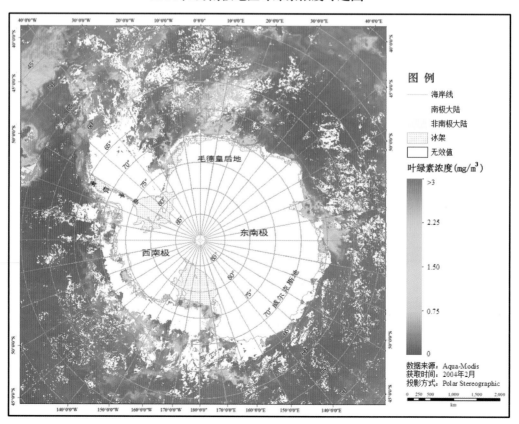

## 2004年3月南极地区叶绿素浓度专题图

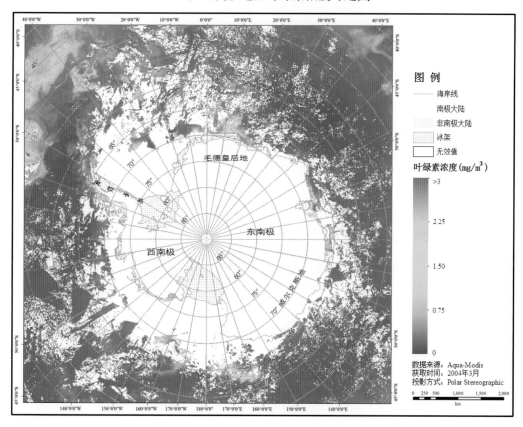

## 2004年10月南极地区叶绿素浓度专题图

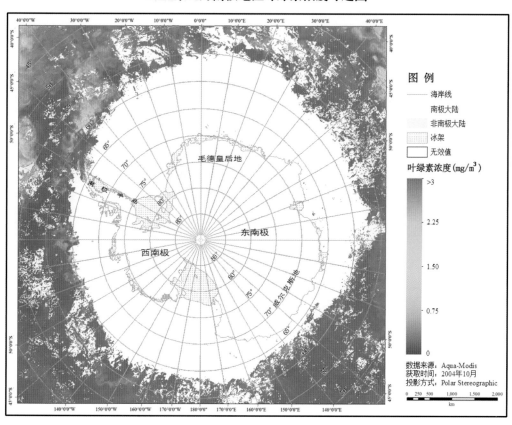

## 2004年11月南极地区叶绿素浓度专题图

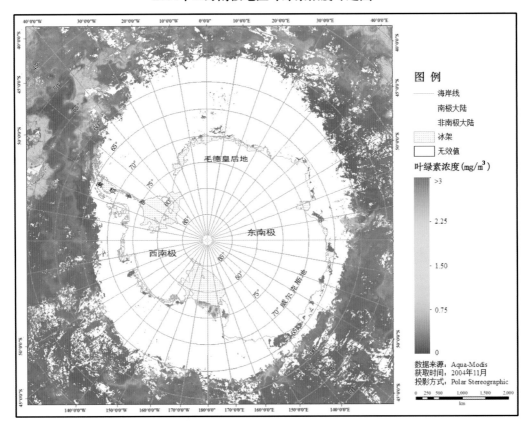

## 2004年12月南极地区叶绿素浓度专题图

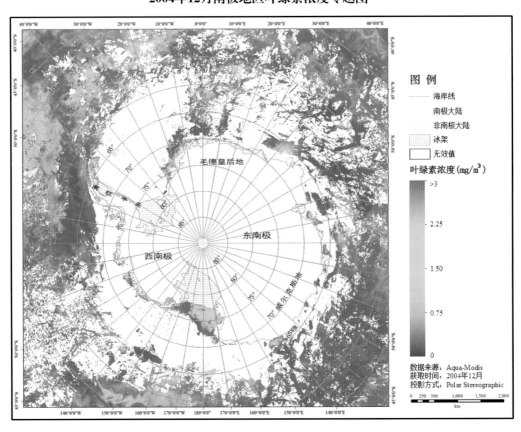

## 2005年1月南极地区叶绿素浓度专题图

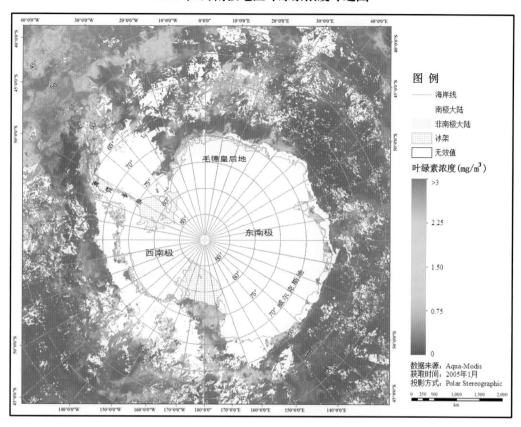

## 2005年2月南极地区叶绿素浓度专题图

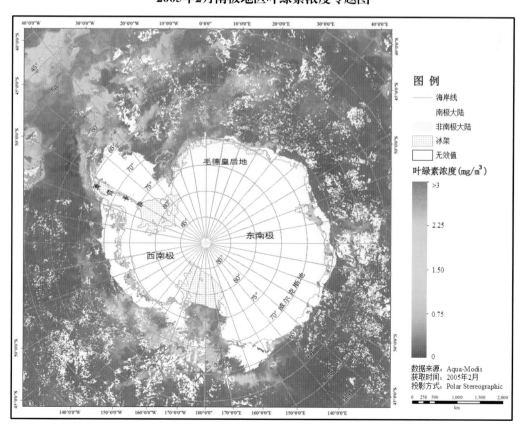

## 2005年3月南极地区叶绿素浓度专题图

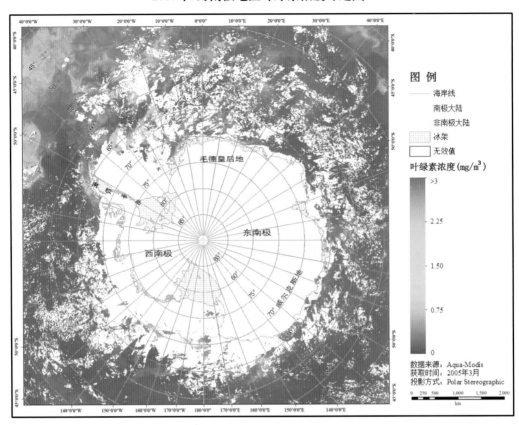

## 2005年10月南极地区叶绿素浓度专题图

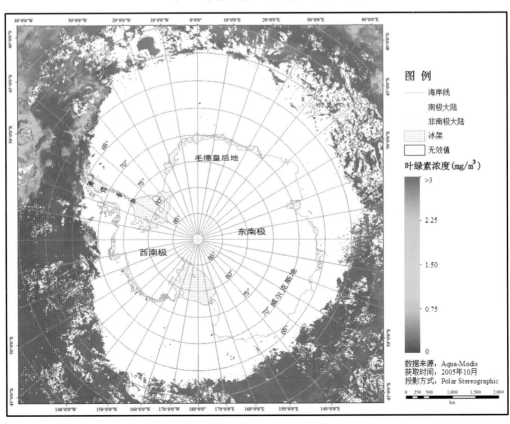

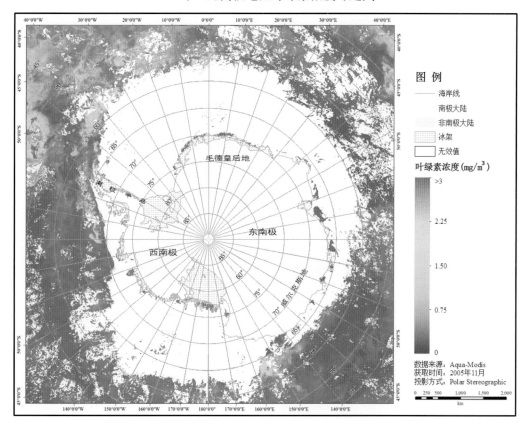

## 2005年11月南极地区叶绿素浓度专题图

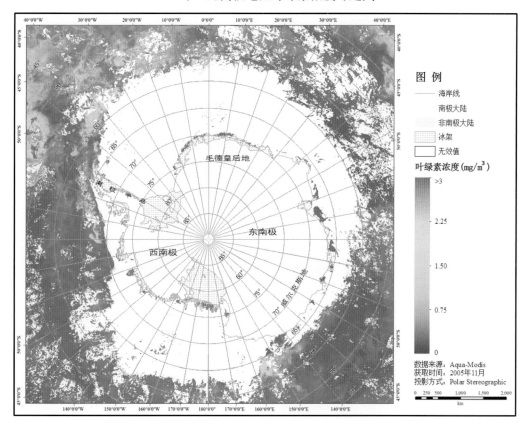

## 2005年12月南极地区叶绿素浓度专题图

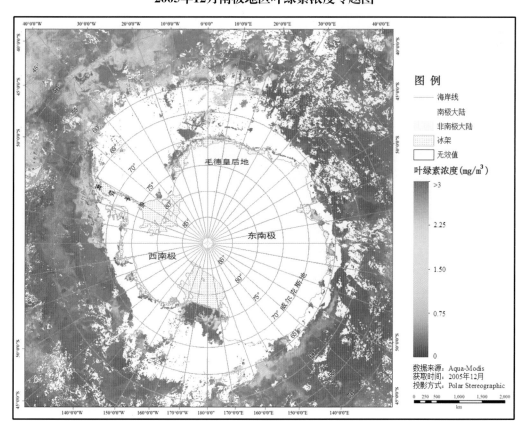

## 2006年1月南极地区叶绿素浓度专题图

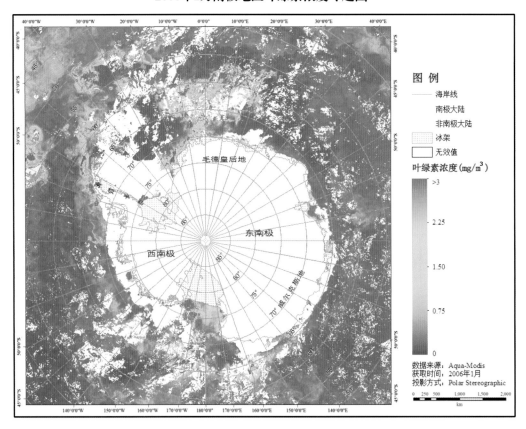

## 2006年2月南极地区叶绿素浓度专题图

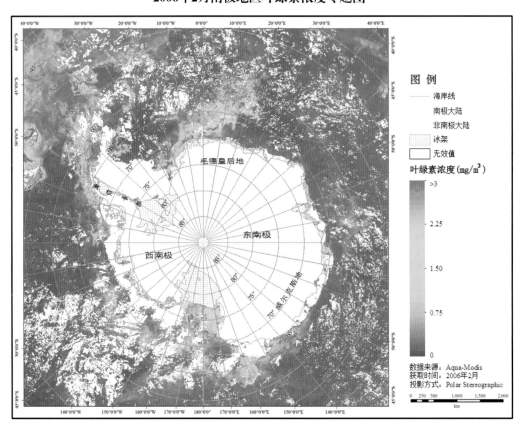

## 2006年3月南极地区叶绿素浓度专题图

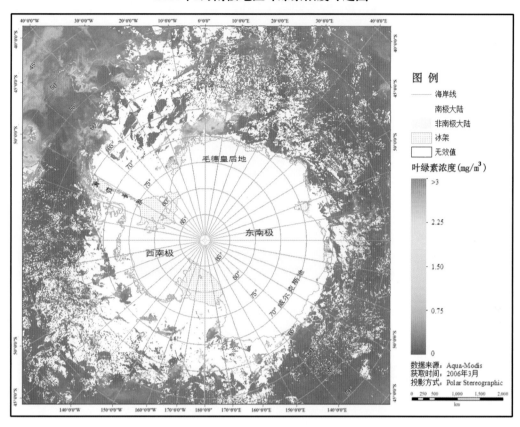

## 2006年10月南极地区叶绿素浓度专题图

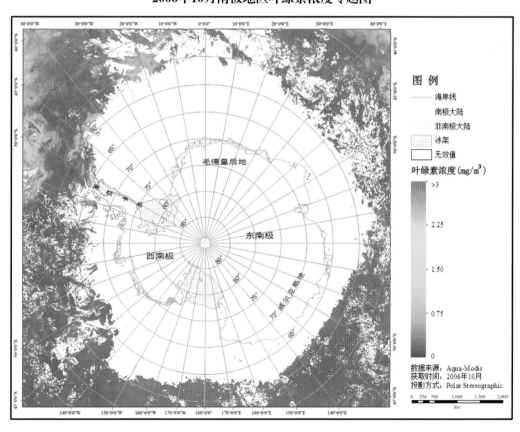

## 2006年11月南极地区叶绿素浓度专题图

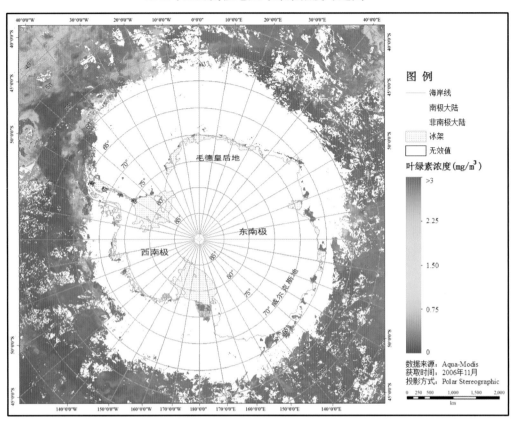

## 2006年12月南极地区叶绿素浓度专题图

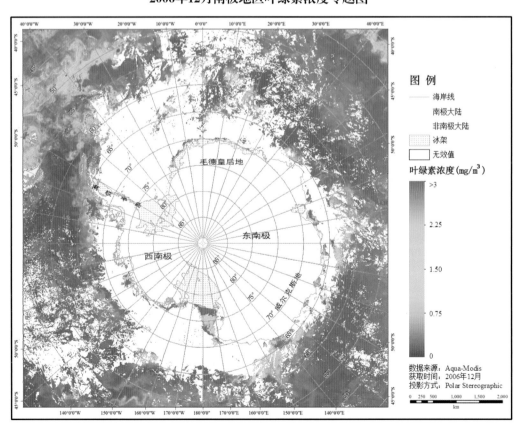

## 2007年1月南极地区叶绿素浓度专题图

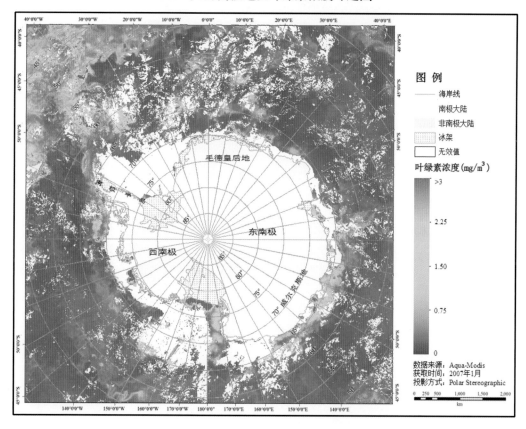

## 2007年2月南极地区叶绿素浓度专题图

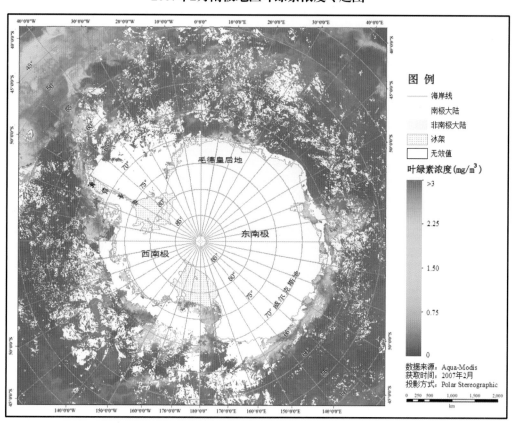

## 2007年3月南极地区叶绿素浓度专题图

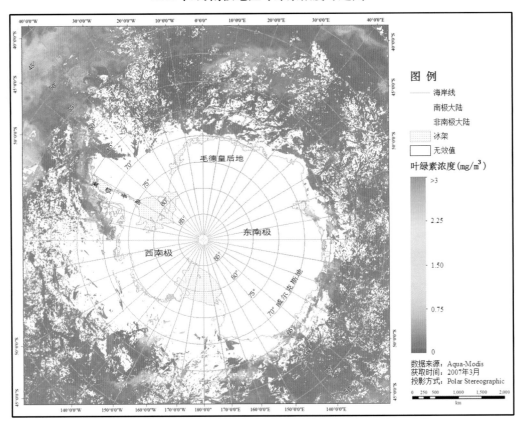

## 2007年10月南极地区叶绿素浓度专题图

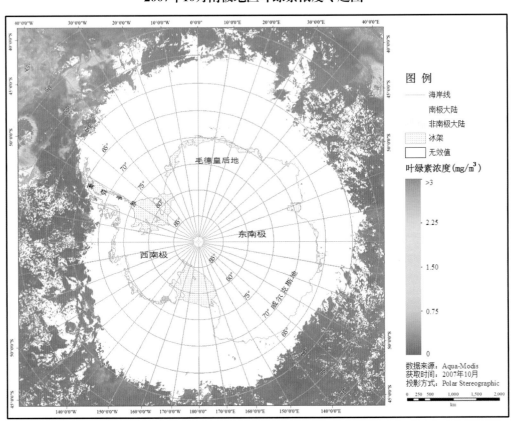

## 2007年11月南极地区叶绿素浓度专题图

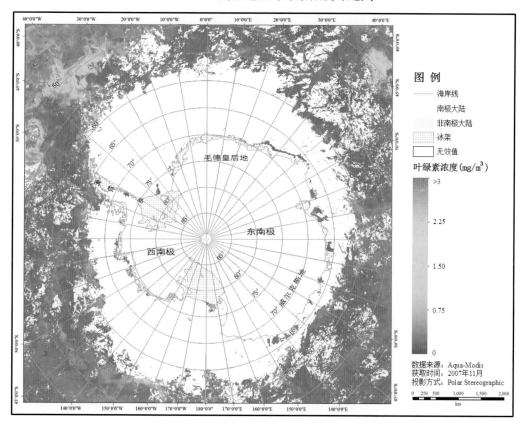

## 2007年12月南极地区叶绿素浓度专题图

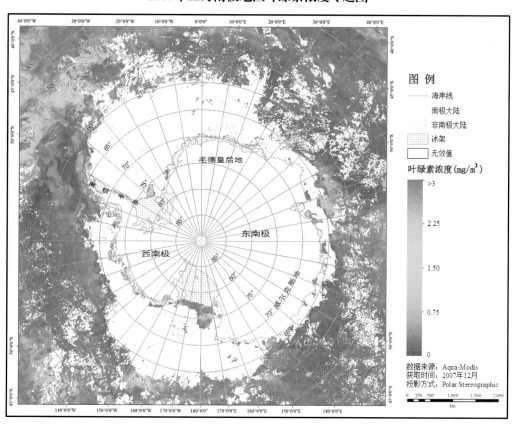

## 2008年1月南极地区叶绿素浓度专题图

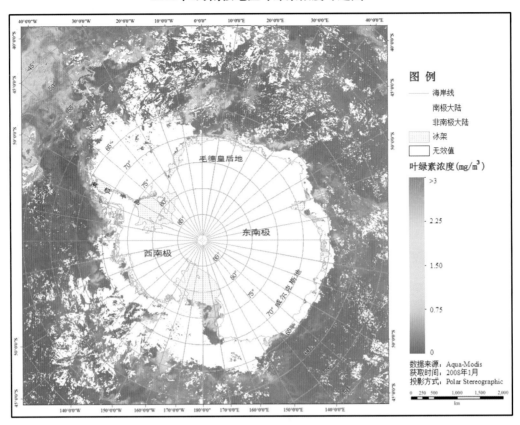

## 2008年2月南极地区叶绿素浓度专题图

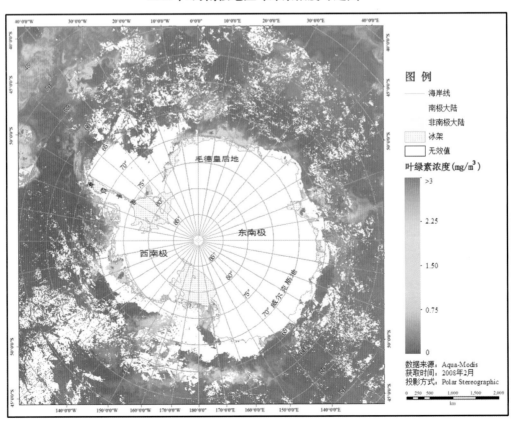

## 2008年3月南极地区叶绿素浓度专题图

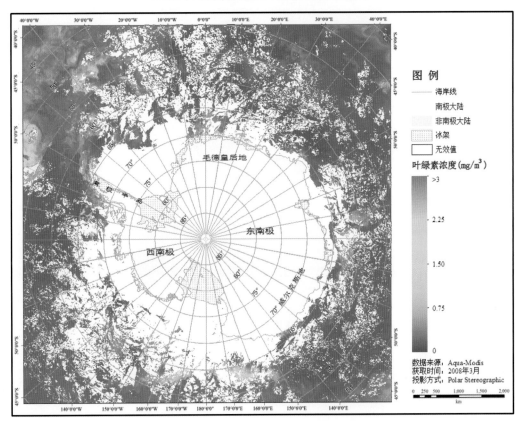

## 2008年10月南极地区叶绿素浓度专题图

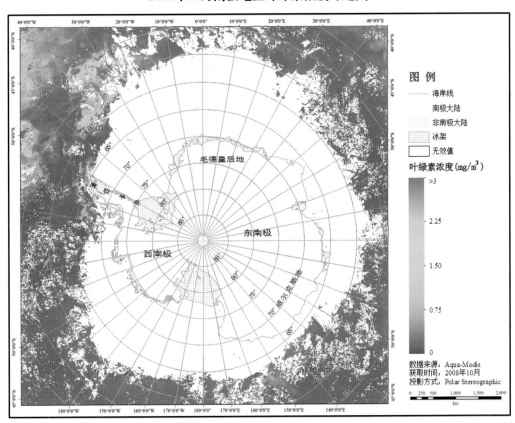

## 2008年11月南极地区叶绿素浓度专题图

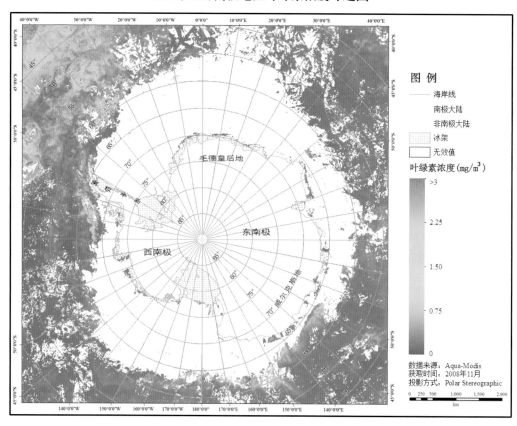

## 2008年12月南极地区叶绿素浓度专题图

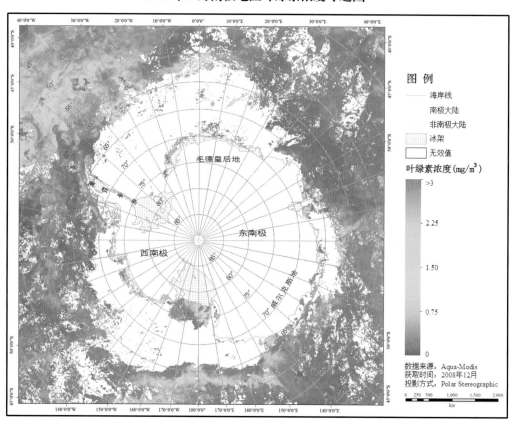

**2009年1月南极地区叶绿素浓度专题图**

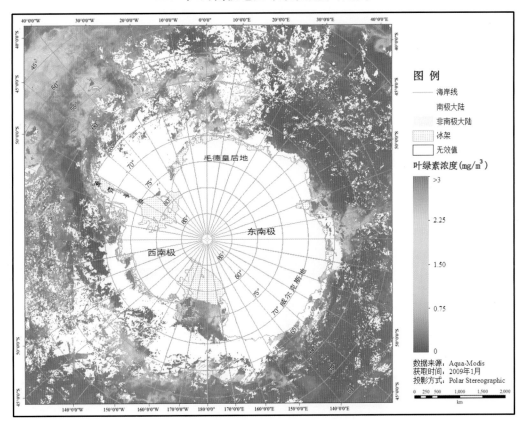

**2009年2月南极地区叶绿素浓度专题图**

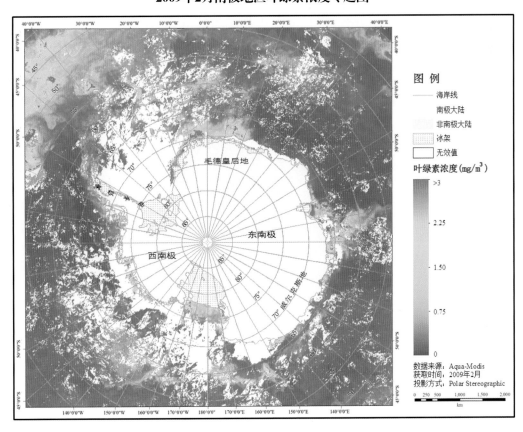

## 2009年3月南极地区叶绿素浓度专题图

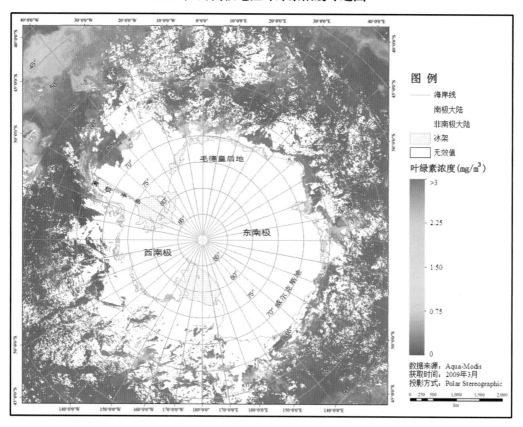

## 2009年10月南极地区叶绿素浓度专题图

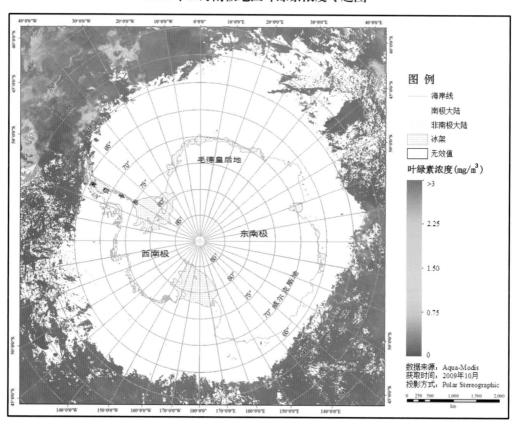

## 2009年11月南极地区叶绿素浓度专题图

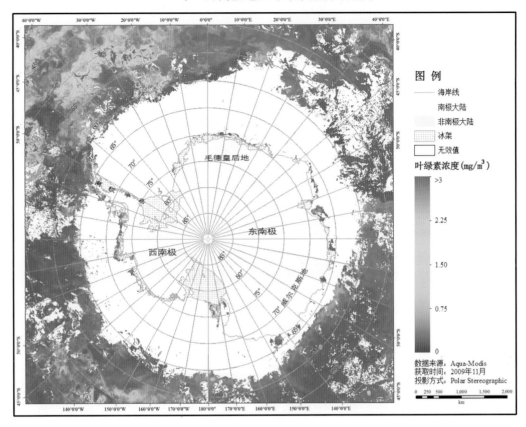

## 2009年12月南极地区叶绿素浓度专题图

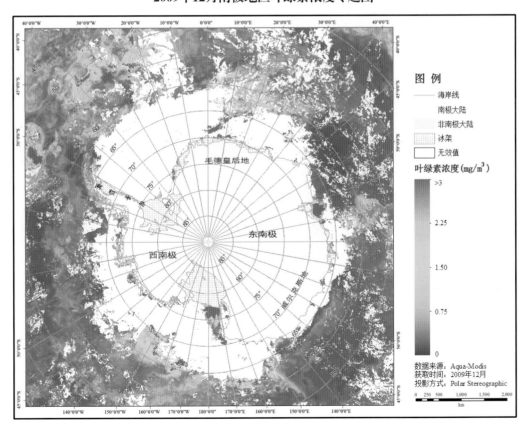

**2010年1月南极地区叶绿素浓度专题图**

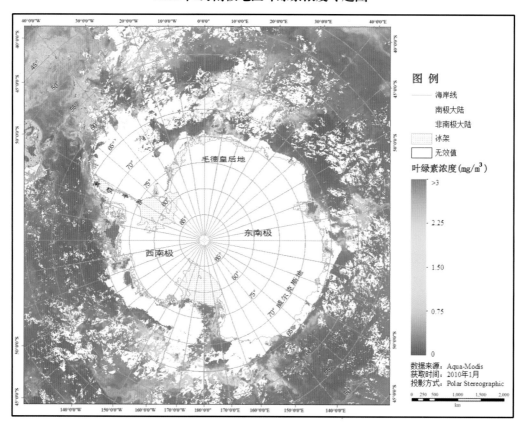

**2010年2月南极地区叶绿素浓度专题图**

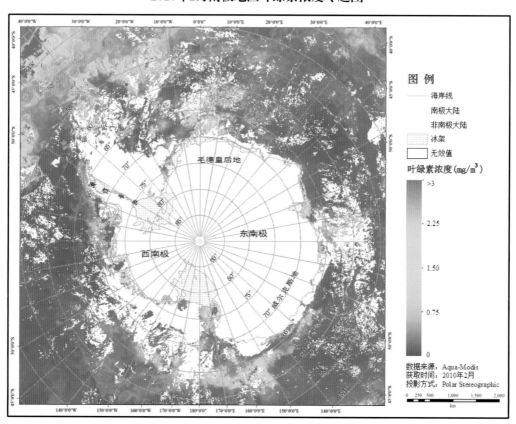

98

### 2010年3月南极地区叶绿素浓度专题图

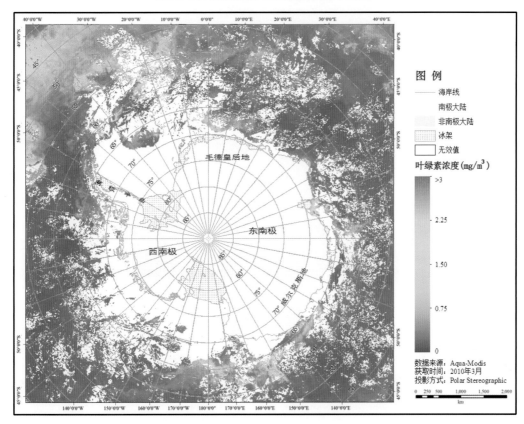

### 2010年10月南极地区叶绿素浓度专题图

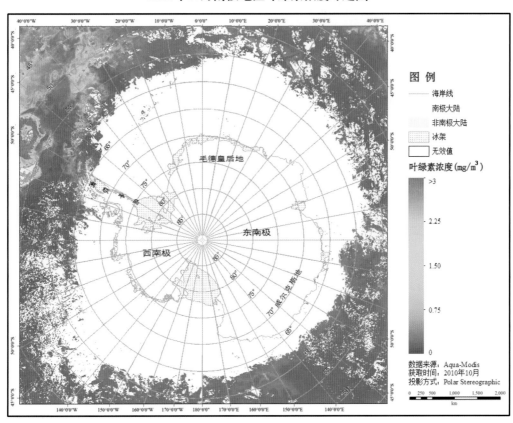

## 2010年11月南极地区叶绿素浓度专题图

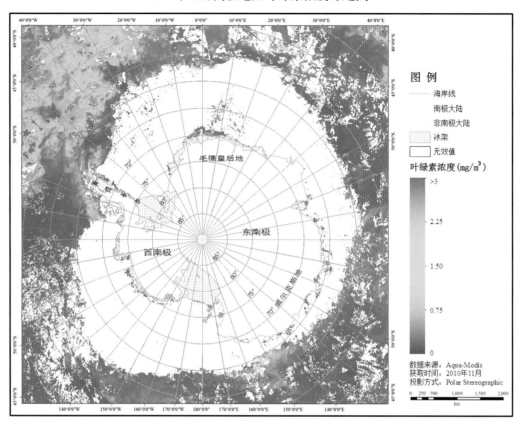

## 2010年12月南极地区叶绿素浓度专题图

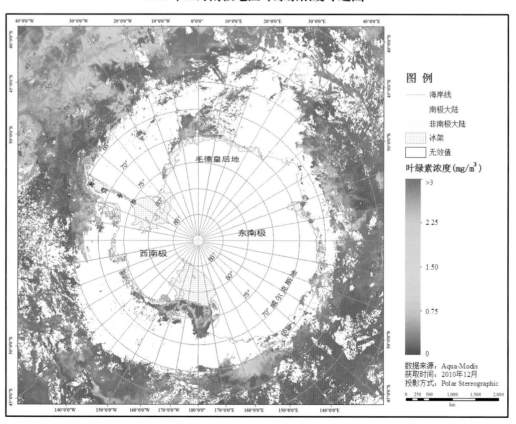

**2011年1月南极地区叶绿素浓度专题图**

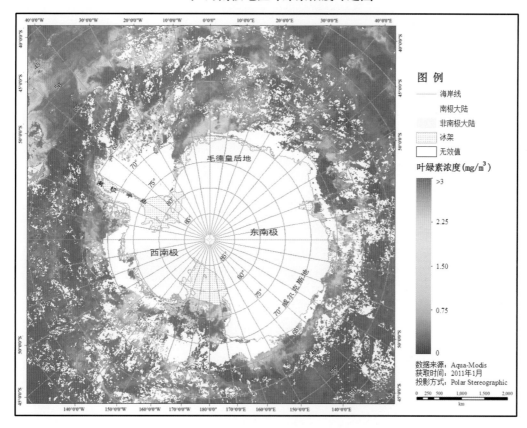

**2011年2月南极地区叶绿素浓度专题图**

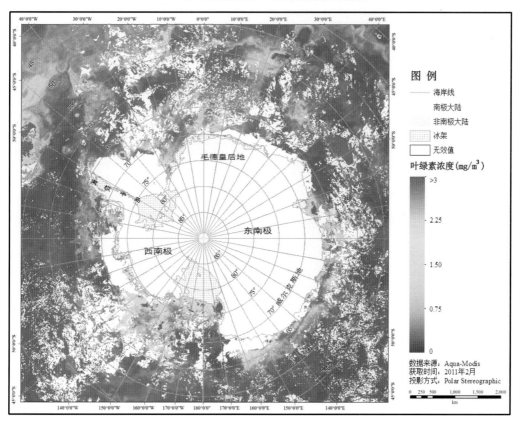

## 2011年3月南极地区叶绿素浓度专题图

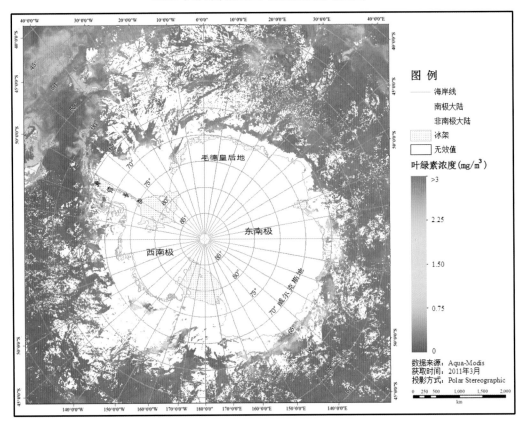

## 2011年10月南极地区叶绿素浓度专题图

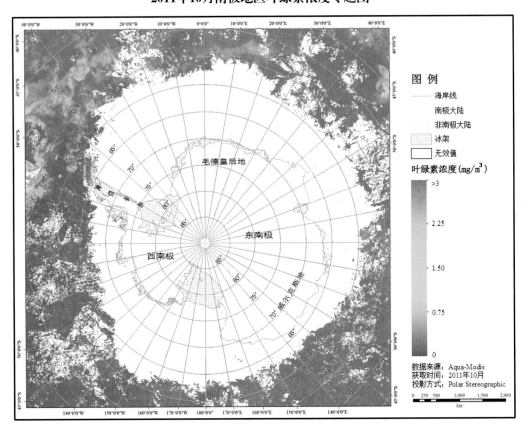

## 2011年11月南极地区叶绿素浓度专题图

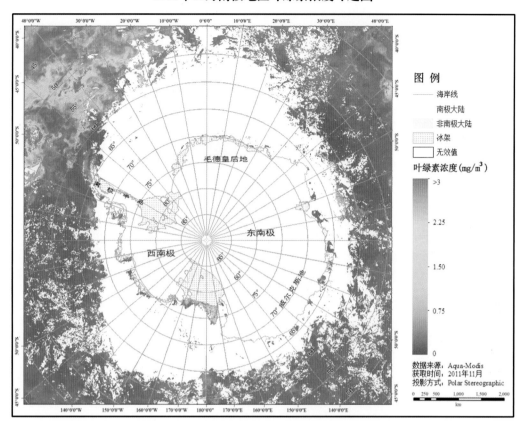

## 2011年12月南极地区叶绿素浓度专题图

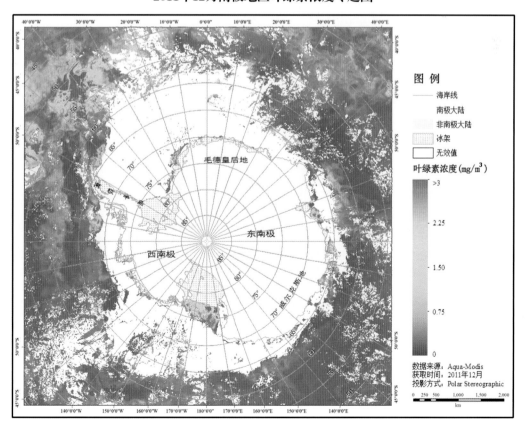

南极地区 环境遥感考察图集

## 2012年1月南极地区叶绿素浓度专题图

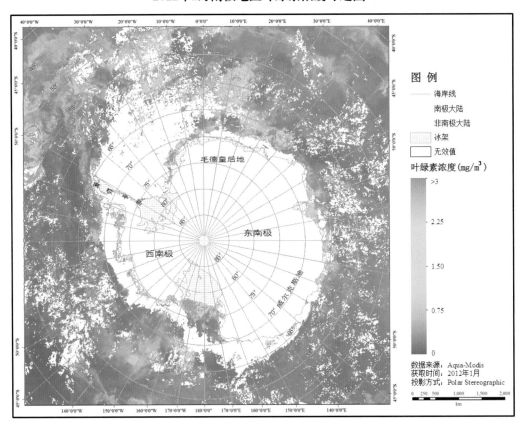

## 2012年2月南极地区叶绿素浓度专题图

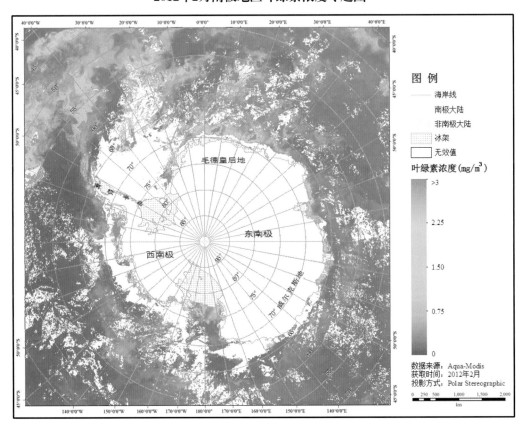

104

## 2012年3月南极地区叶绿素浓度专题图

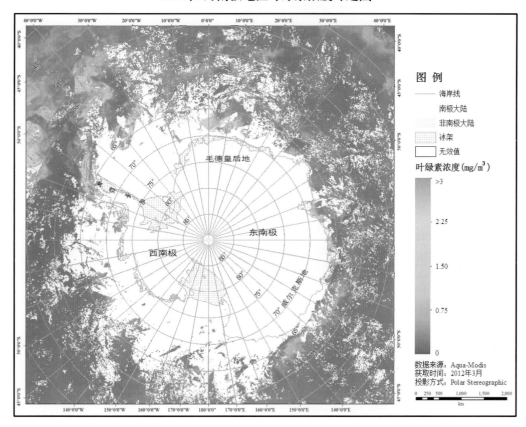

## 2012年10月南极地区叶绿素浓度专题图

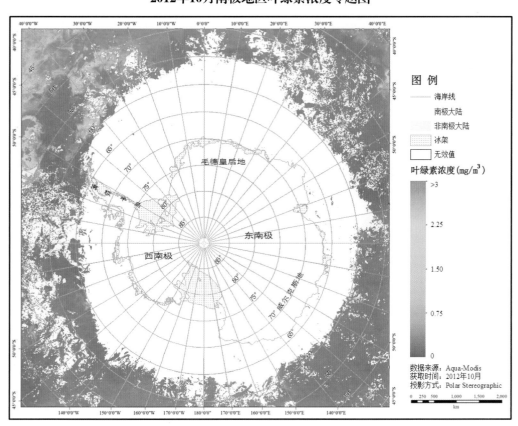

## 2012年11月南极地区叶绿素浓度专题图

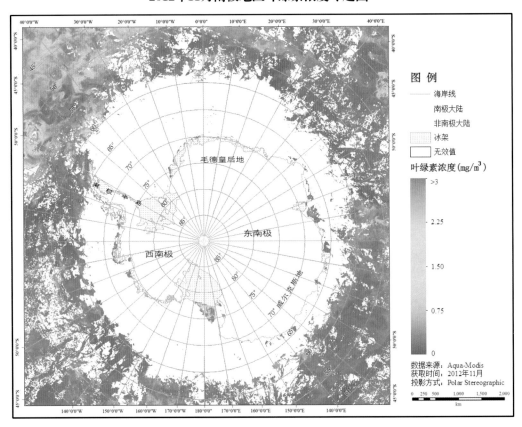

## 2012年12月南极地区叶绿素浓度专题图

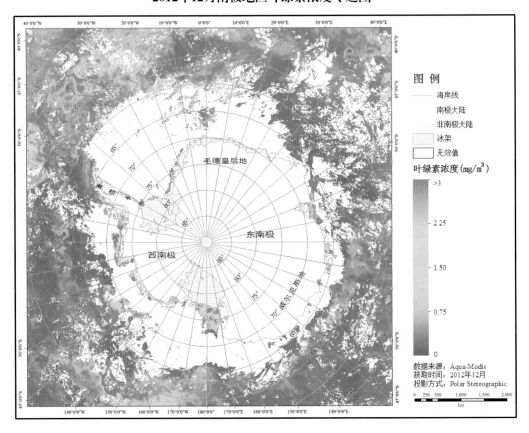

## 2013年1月南极地区叶绿素浓度专题图

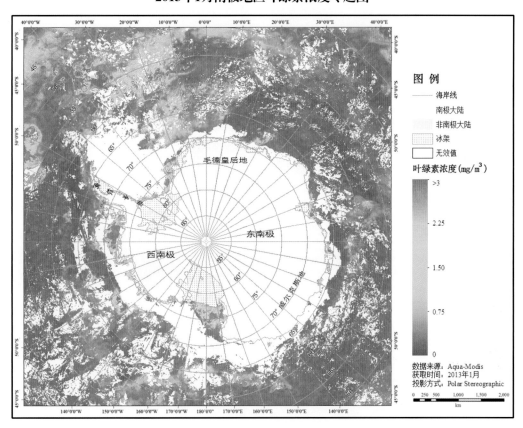

## 2013年2月南极地区叶绿素浓度专题图

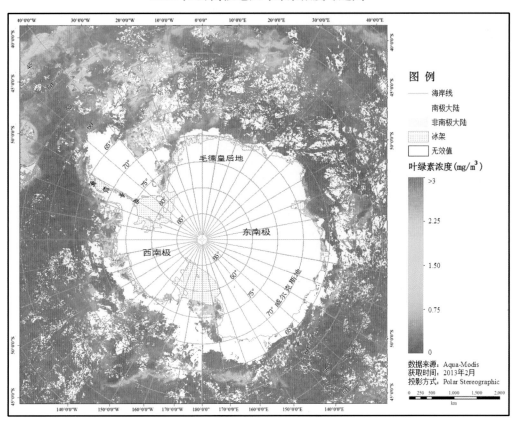

### 2013年3月南极地区叶绿素浓度专题图

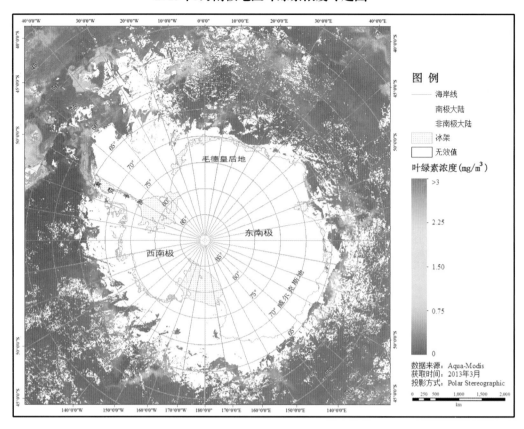

### 2013年10月南极地区叶绿素浓度专题图

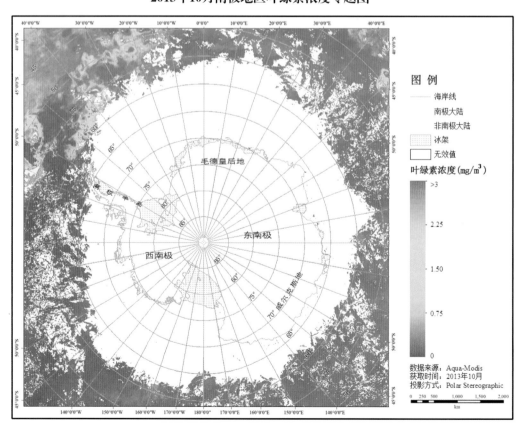

## 2013年11月南极地区叶绿素浓度专题图

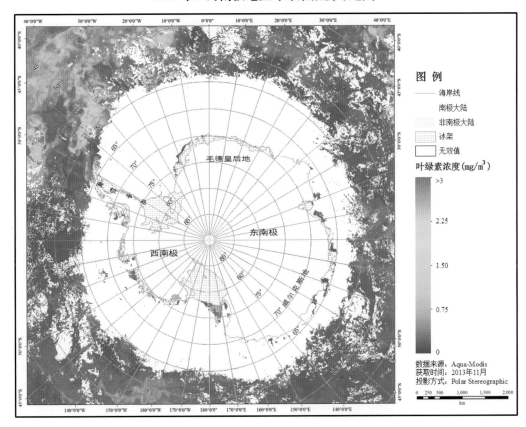

## 2013年12月南极地区叶绿素浓度专题图

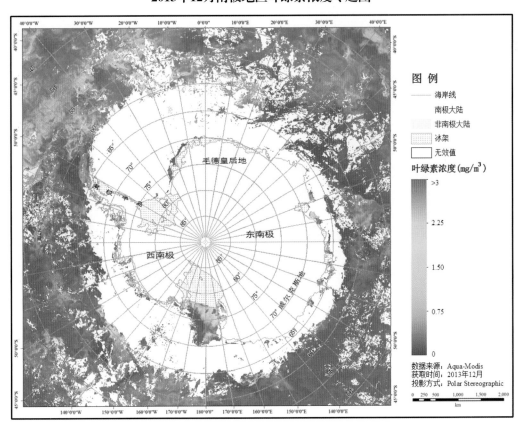

## 2014年1月南极地区叶绿素浓度专题图

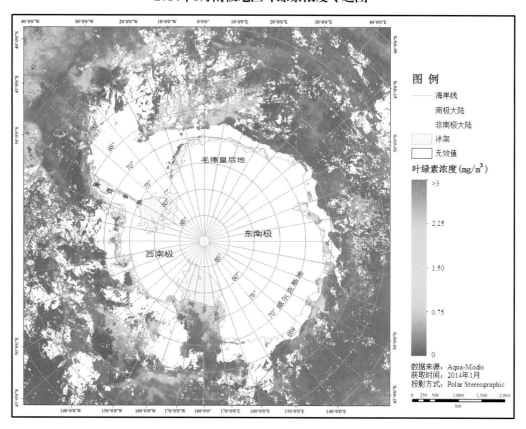

## 2014年2月南极地区叶绿素浓度专题图

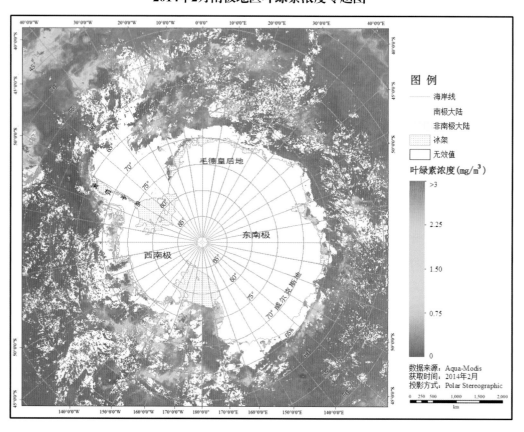

## 2014年3月南极地区叶绿素浓度专题图

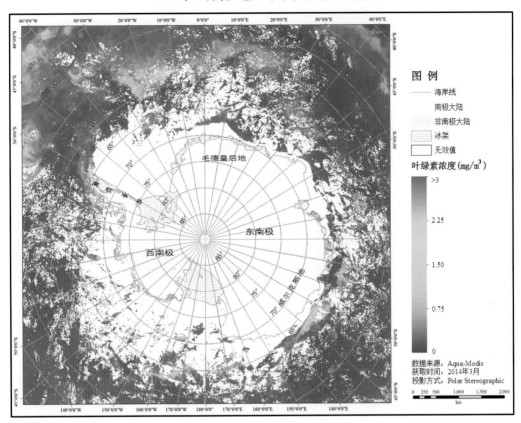

## 2014年10月南极地区叶绿素浓度专题图

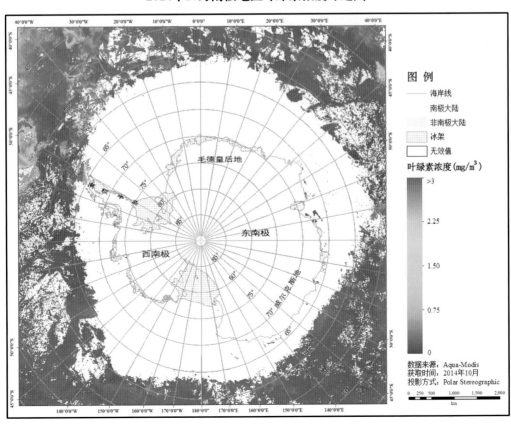

## 2014年11月南极地区叶绿素浓度专题图

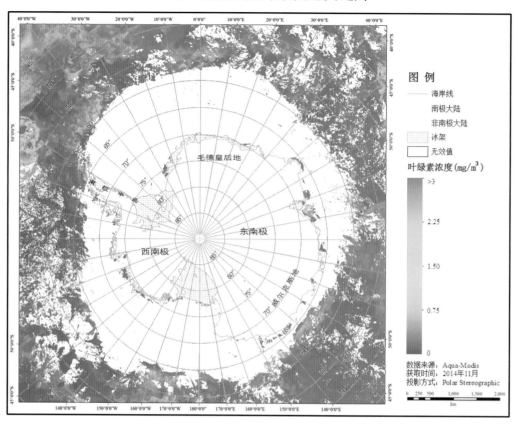

## 2014年12月南极地区叶绿素浓度专题图

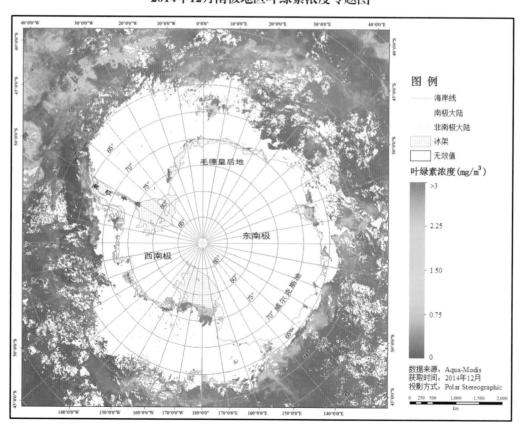

## 2015年1月南极地区叶绿素浓度专题图

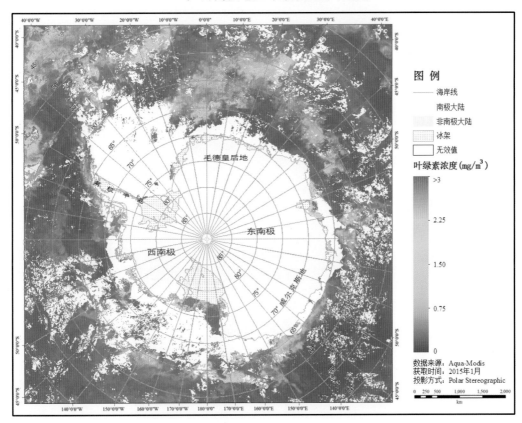

## 2015年2月南极地区叶绿素浓度专题图

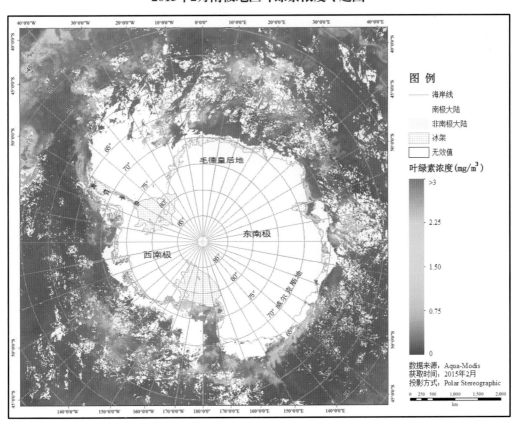

南极地区 环境遥感考察图集

# 2015年3月南极地区叶绿素浓度专题图

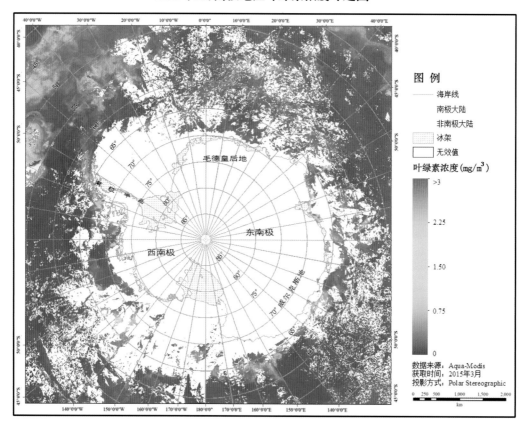

## 5.2 南极周边海域海温月平均分布图

利用 MODIS 数据卫星获取南极周边海域海温分布特征，经月平均处理后得到海温月平均分布（2002—2015 年）。

**2002年10月南极地区海表温度专题图**

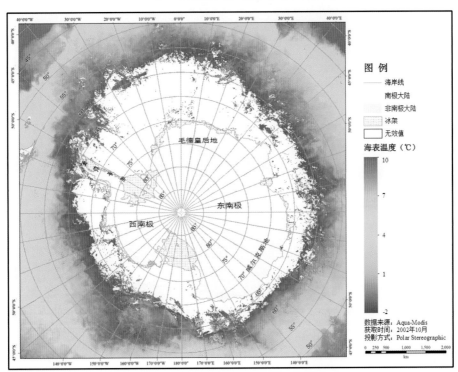

**2002年11月南极地区海表温度专题图**

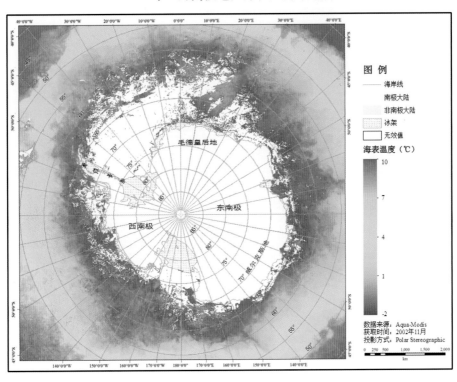

## 2002年12月南极地区海表温度专题图

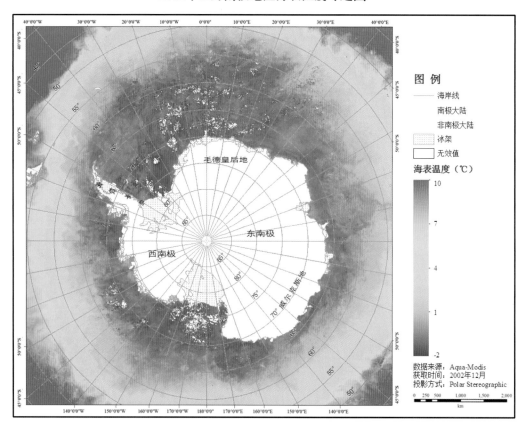

## 2003年1月南极地区海表温度专题图

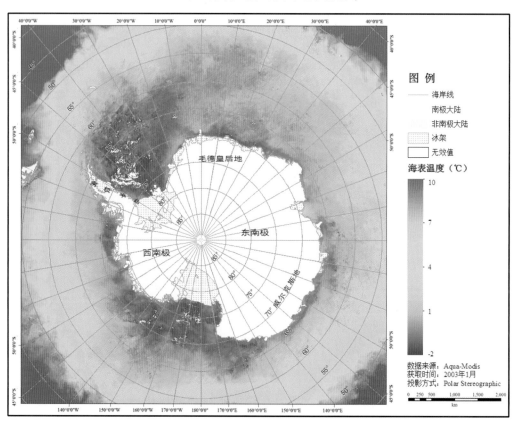

**2003年2月南极地区海表温度专题图**

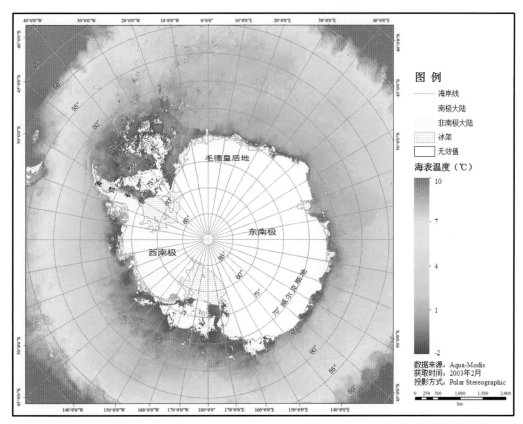

**2003年3月南极地区海表温度专题图**

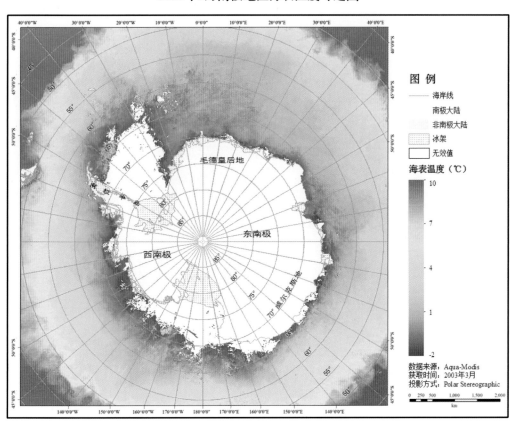

## 2003年10月南极地区海表温度专题图

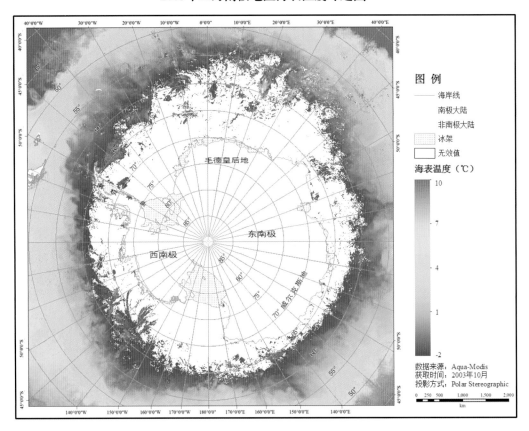

## 2003年11月南极地区海表温度专题图

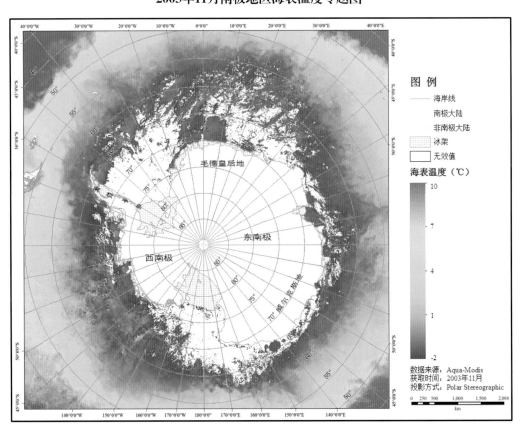

**2003年12月南极地区海表温度专题图**

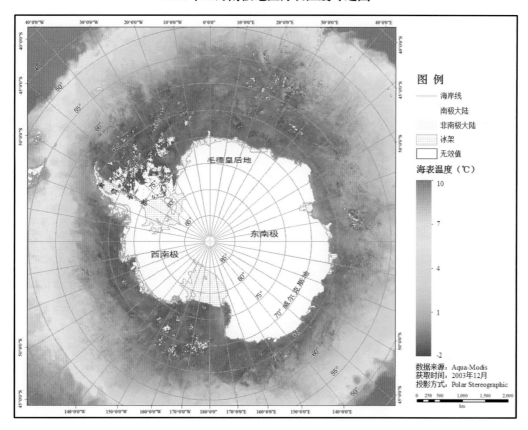

**2004年1月南极地区海表温度专题图**

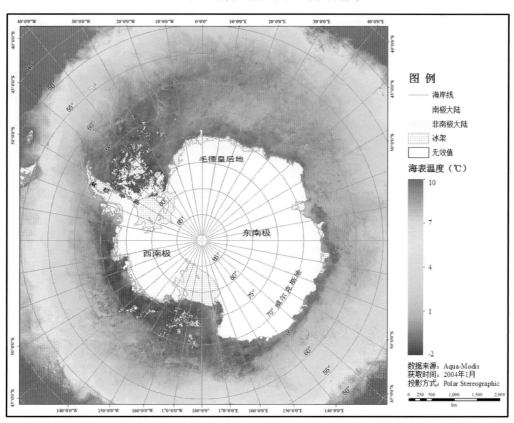

## 2004年2月南极地区海表温度专题图

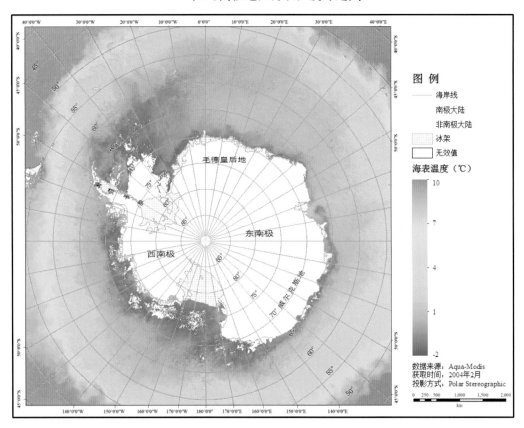

## 2004年3月南极地区海表温度专题图

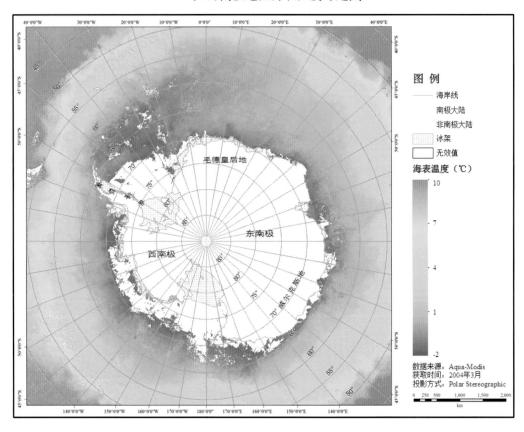

**2004年10月南极地区海表温度专题图**

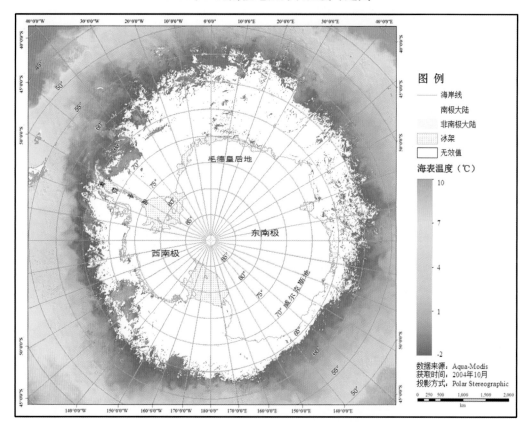

**2004年11月南极地区海表温度专题图**

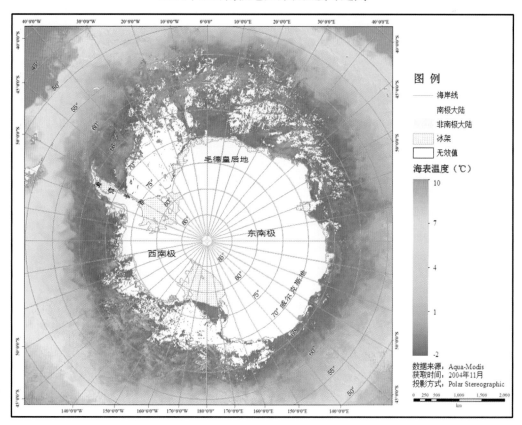

## 2004年12月南极地区海表温度专题图

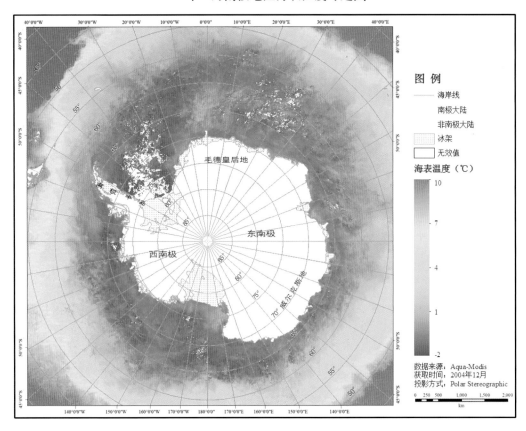

## 2005年1月南极地区海表温度专题图

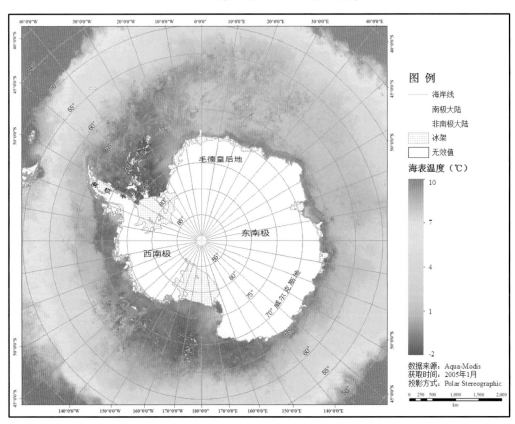

## 2005年2月南极地区海表温度专题图

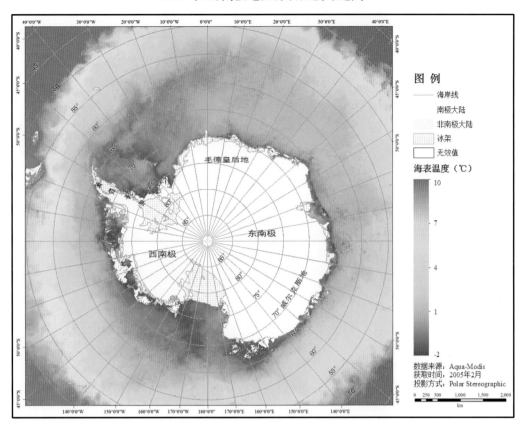

## 2005年3月南极地区海表温度专题图

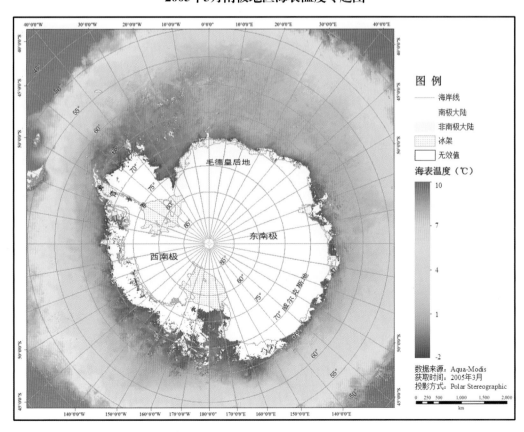

## 2005年10月南极地区海表温度专题图

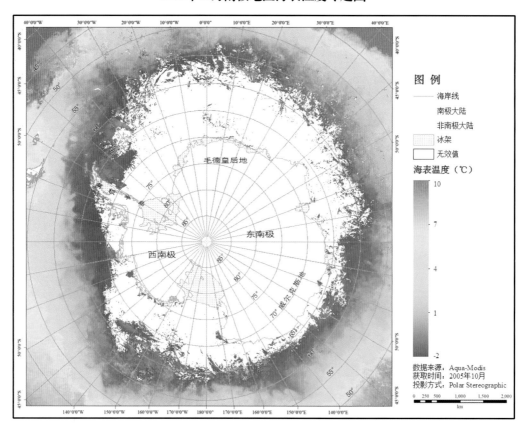

## 2005年11月南极地区海表温度专题图

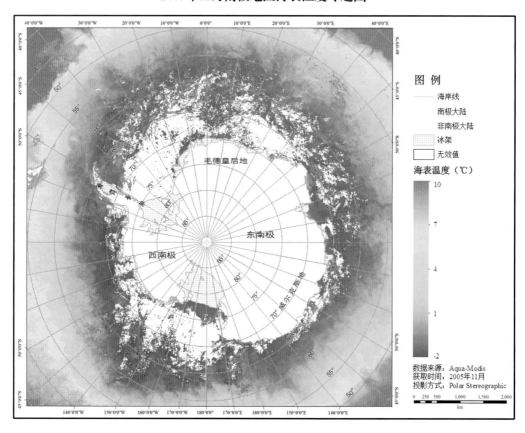

## 2005年12月南极地区海表温度专题图

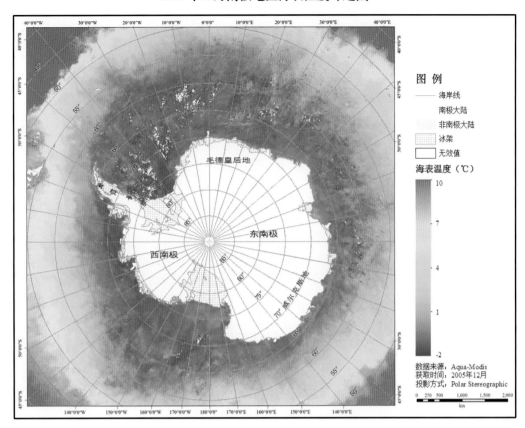

## 2006年1月南极地区海表温度专题图

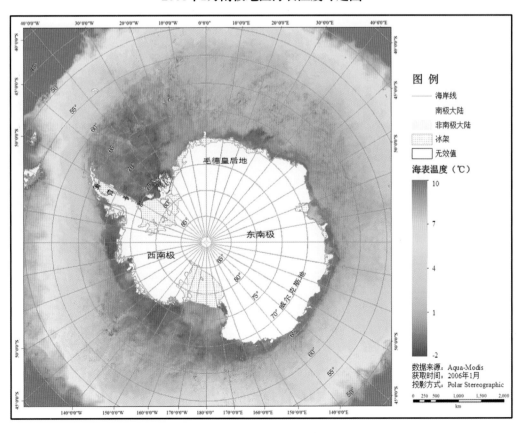

## 2006年2月南极地区海表温度专题图

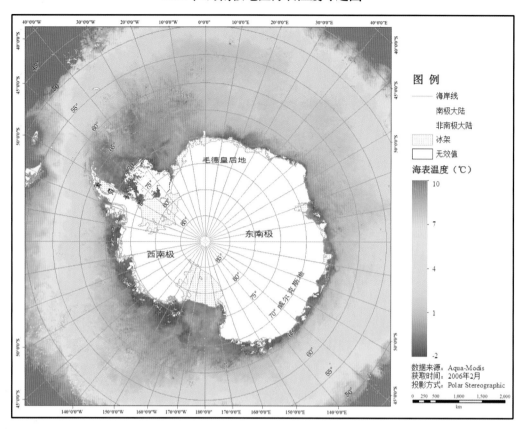

## 2006年3月南极地区海表温度专题图

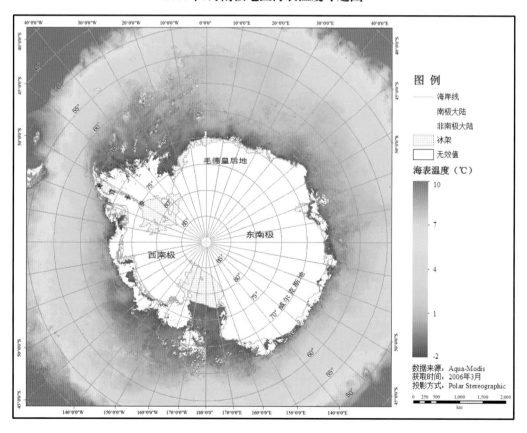

## 2006年10月南极地区海表温度专题图

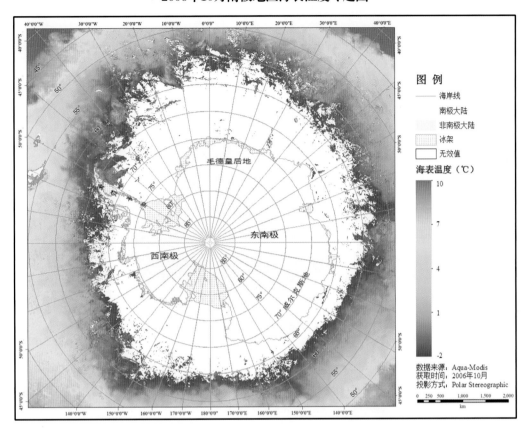

## 2006年11月南极地区海表温度专题图

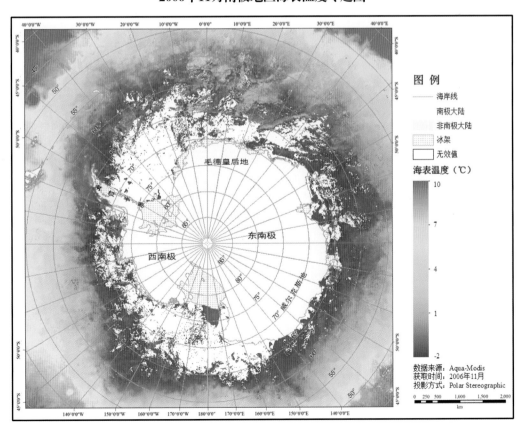

## 2006年12月南极地区海表温度专题图

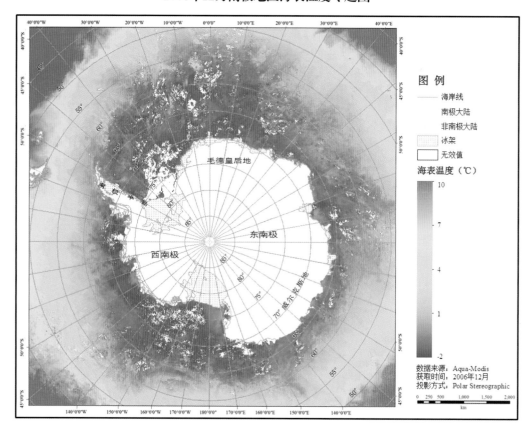

## 2007年1月南极地区海表温度专题图

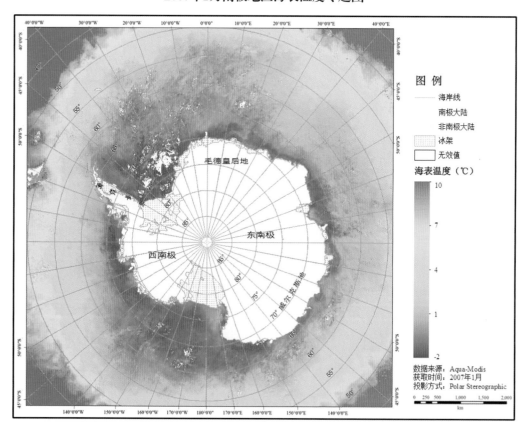

**2007年2月南极地区海表温度专题图**

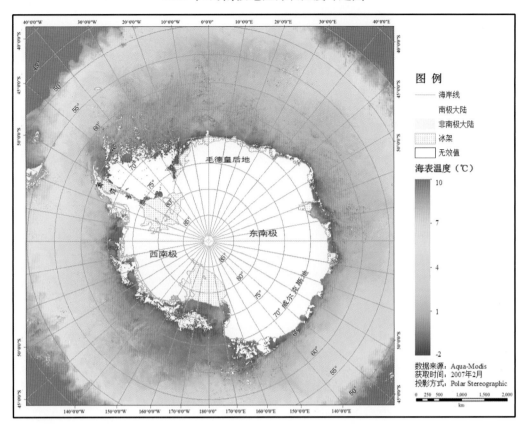

**2007年3月南极地区海表温度专题图**

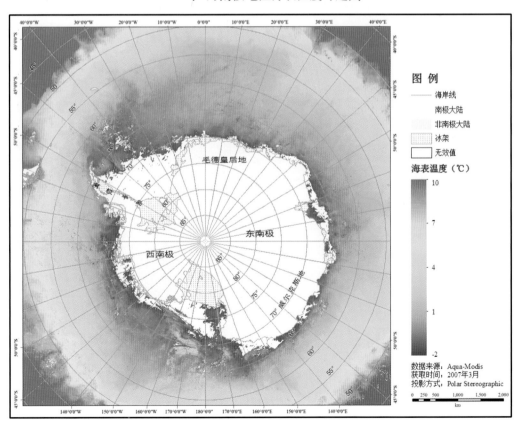

**2007年10月南极地区海表温度专题图**

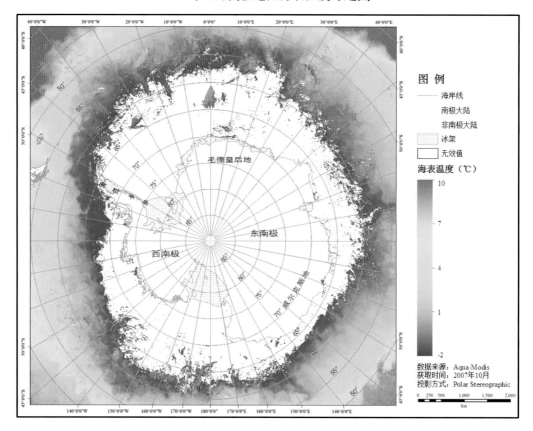

**2007年11月南极地区海表温度专题图**

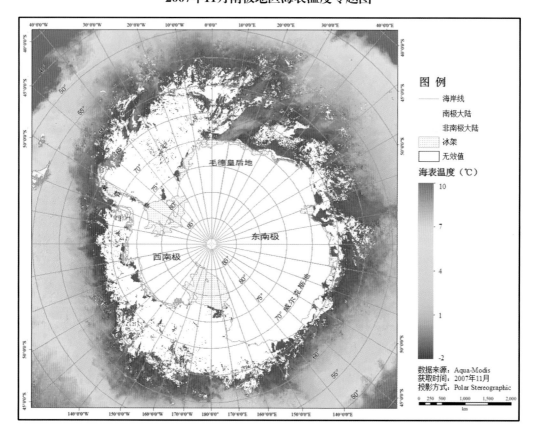

## 2007年12月南极地区海表温度专题图

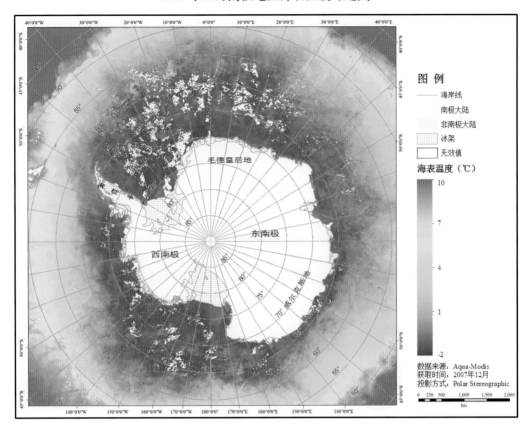

## 2008年1月南极地区海表温度专题图

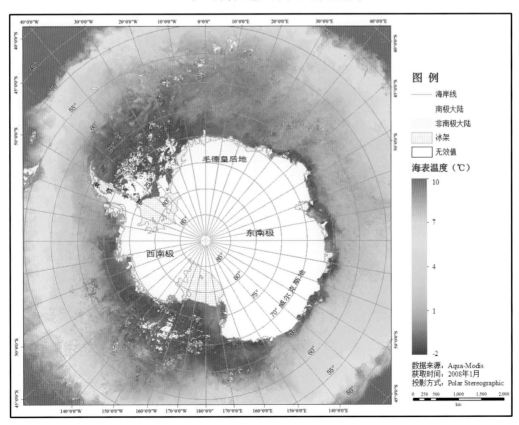

## 2008年2月南极地区海表温度专题图

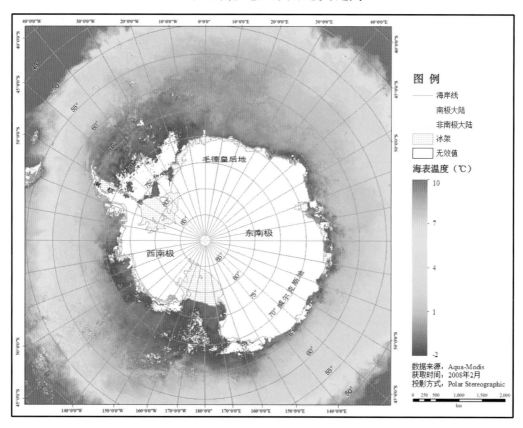

## 2008年3月南极地区海表温度专题图

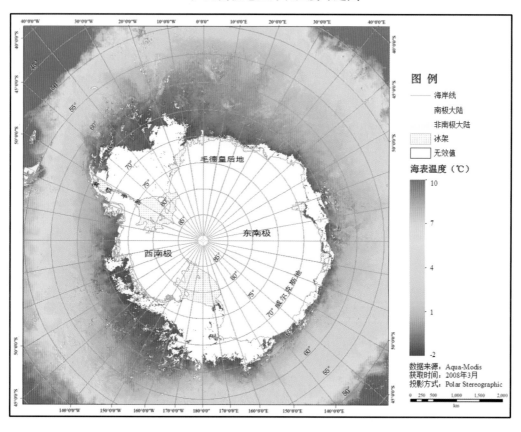

## 2008年10月南极地区海表温度专题图

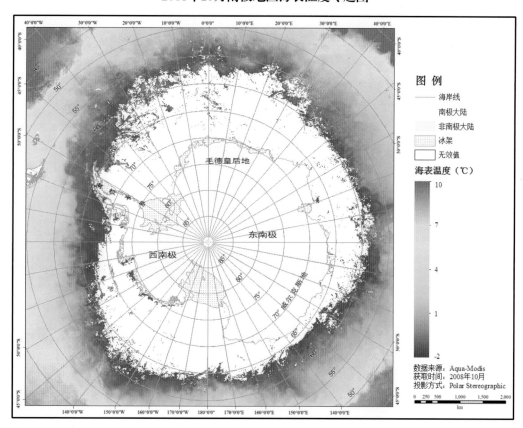

## 2008年11月南极地区海表温度专题图

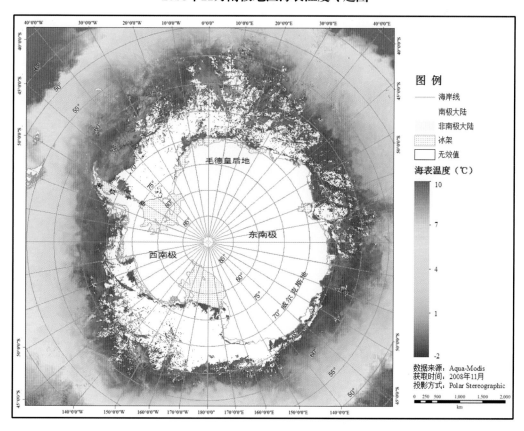

## 2008年12月南极地区海表温度专题图

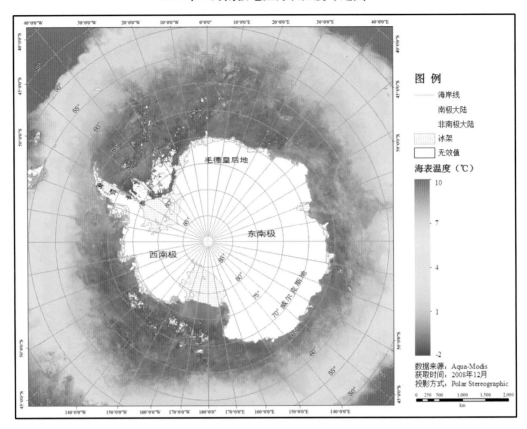

## 2009年1月南极地区海表温度专题图

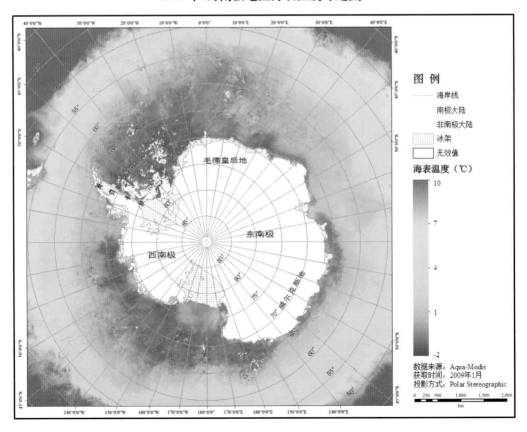

## 2009年2月南极地区海表温度专题图

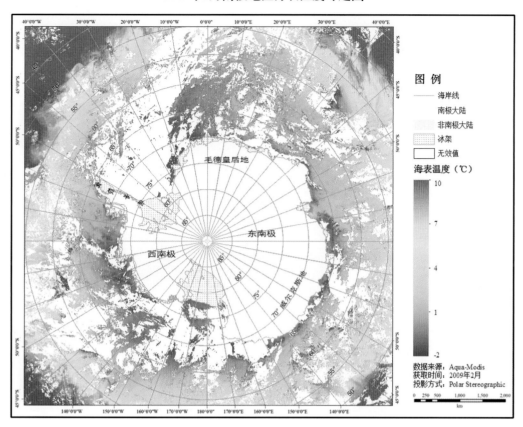

## 2009年3月南极地区海表温度专题图

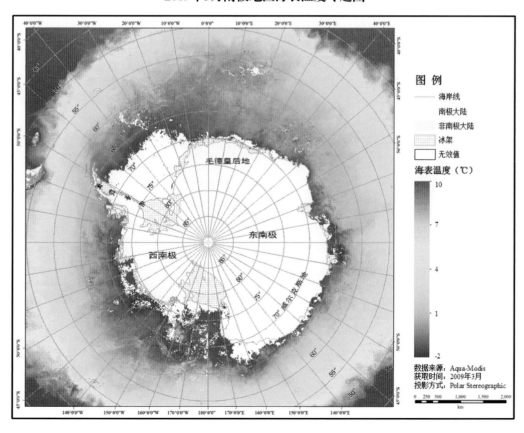

## 2009年10月南极地区海表温度专题图

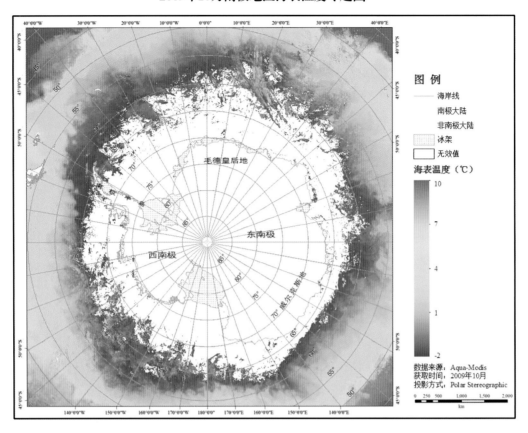

## 2009年11月南极地区海表温度专题图

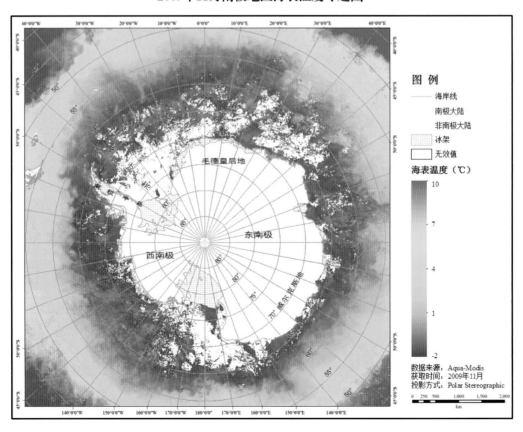

## 2009年12月南极地区海表温度专题图

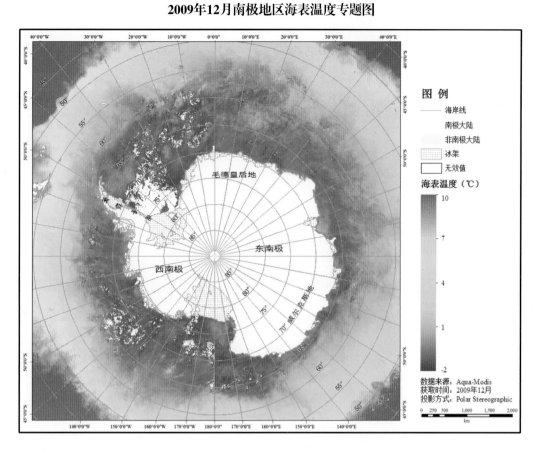

## 2010年1月南极地区海表温度专题图

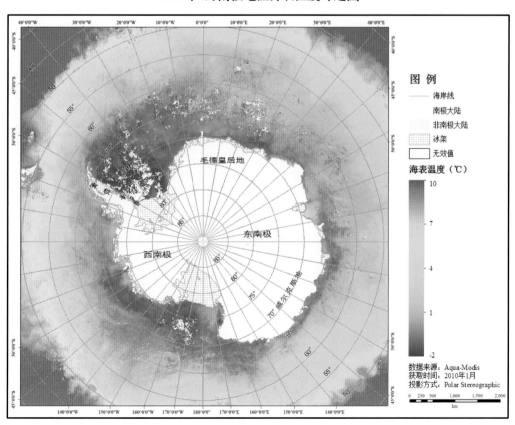

**2010年2月南极地区海表温度专题图**

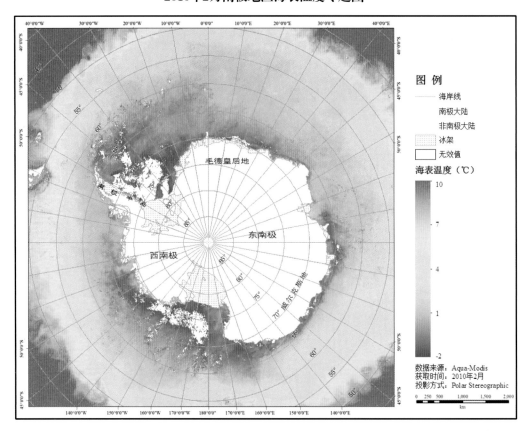

**2010年3月南极地区海表温度专题图**

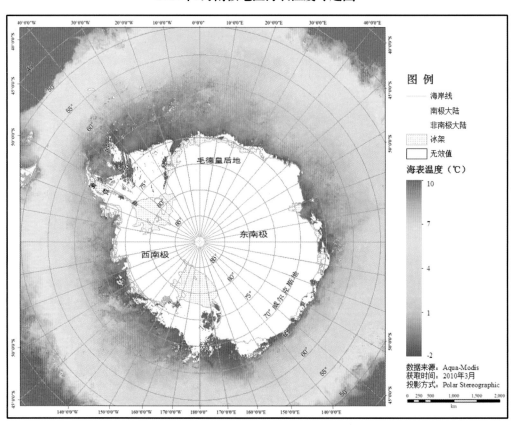

## 2010年10月南极地区海表温度专题图

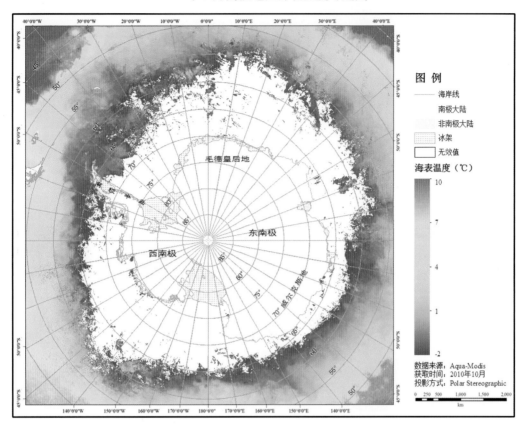

## 2010年11月南极地区海表温度专题图

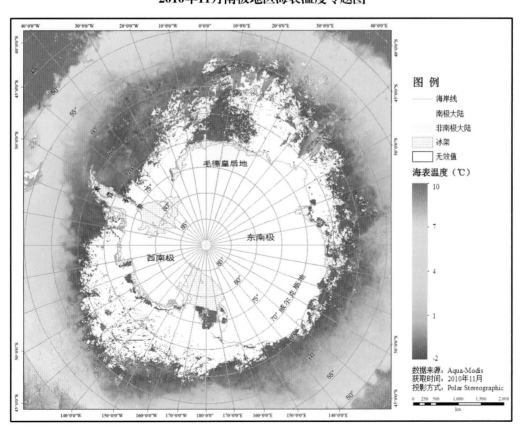

## 2010年12月南极地区海表温度专题图

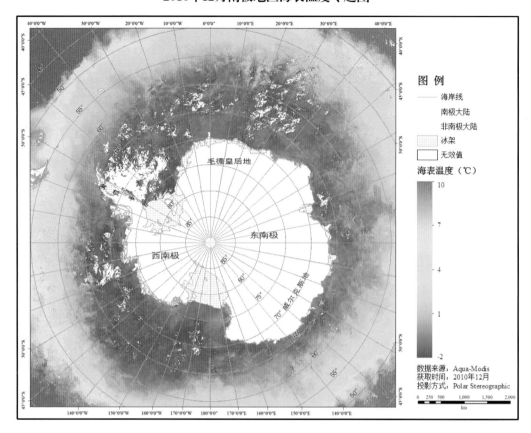

## 2011年1月南极地区海表温度专题图

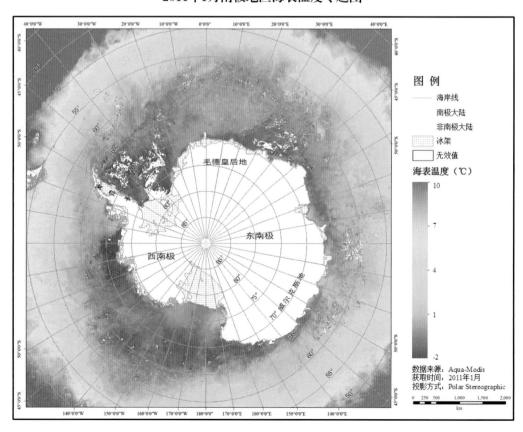

### 2011年2月南极地区海表温度专题图

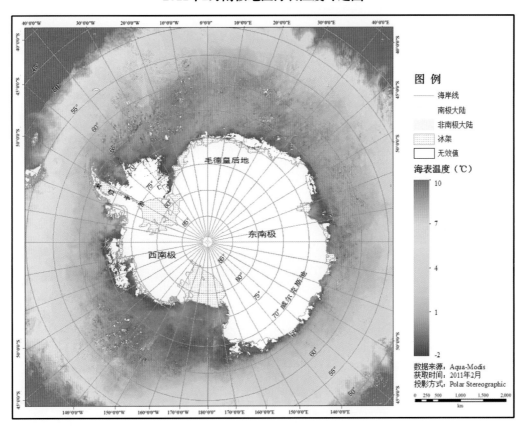

### 2011年3月南极地区海表温度专题图

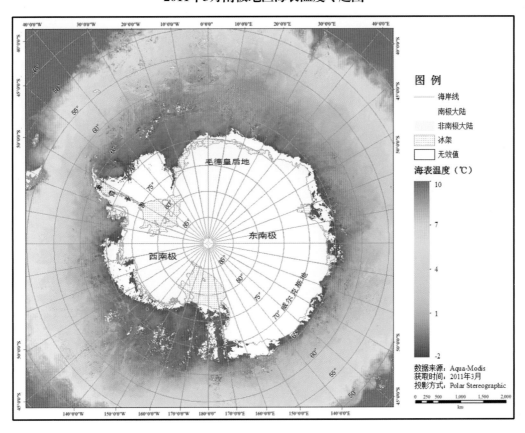

## 2011年10月南极地区海表温度专题图

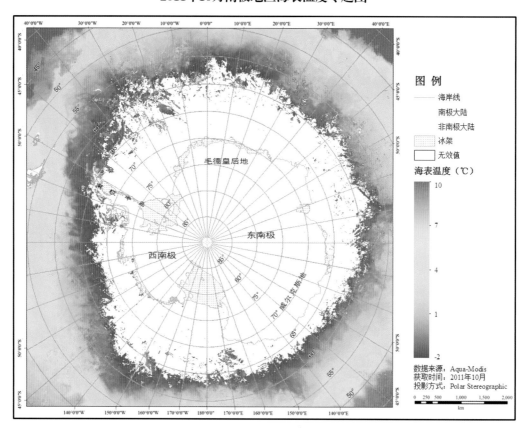

## 2011年11月南极地区海表温度专题图

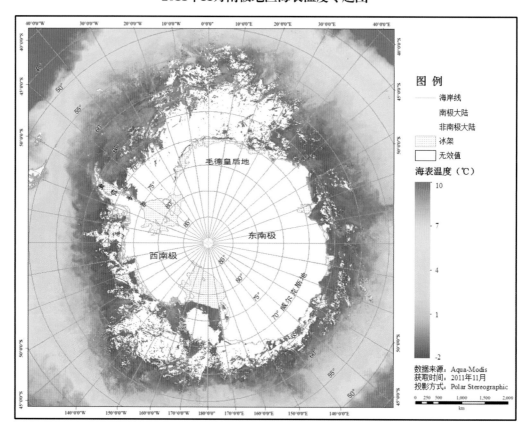

## 2011年12月南极地区海表温度专题图

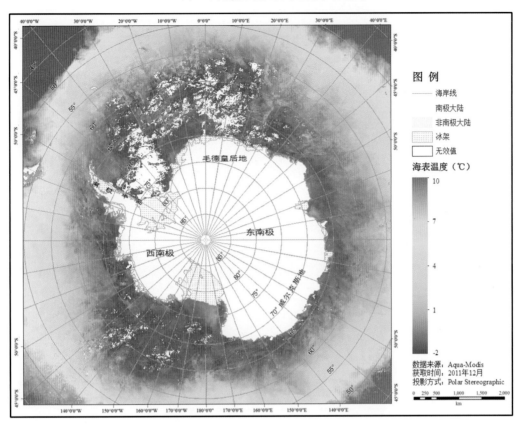

## 2012年1月南极地区海表温度专题图

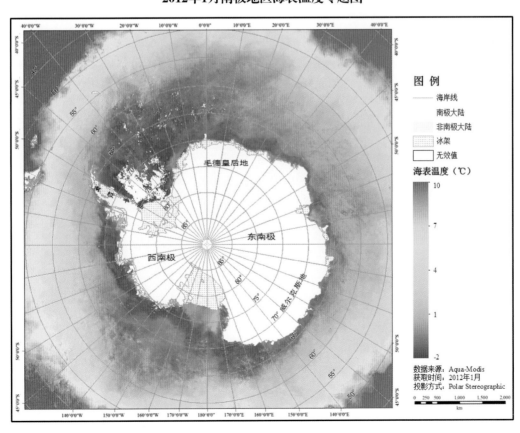

## 2012年2月南极地区海表温度专题图

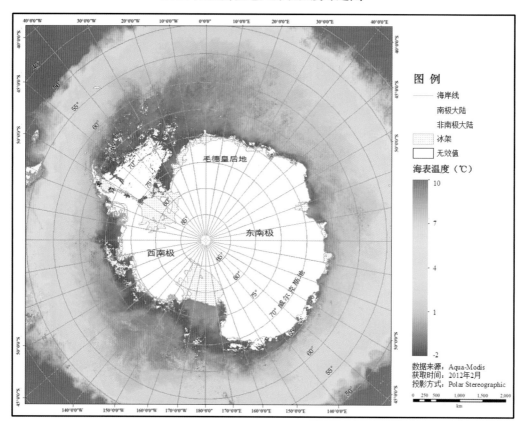

## 2012年3月南极地区海表温度专题图

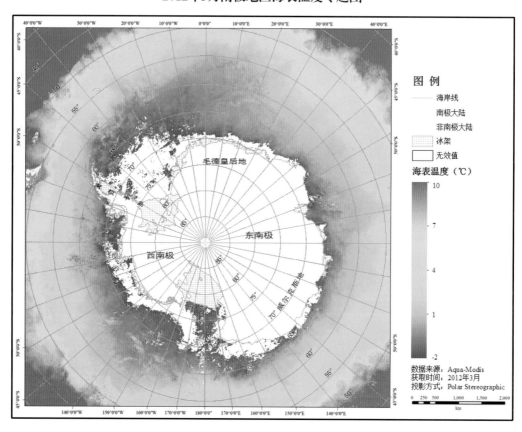

## 2012年10月南极地区海表温度专题图

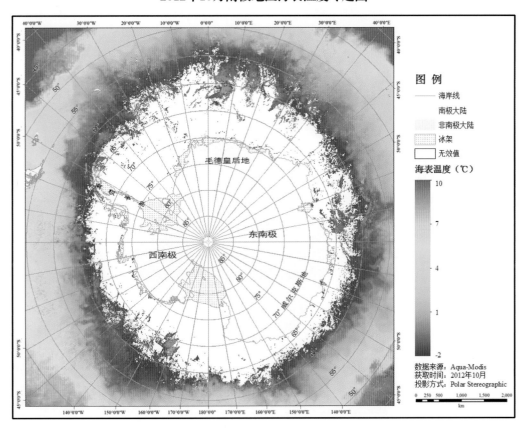

## 2012年11月南极地区海表温度专题图

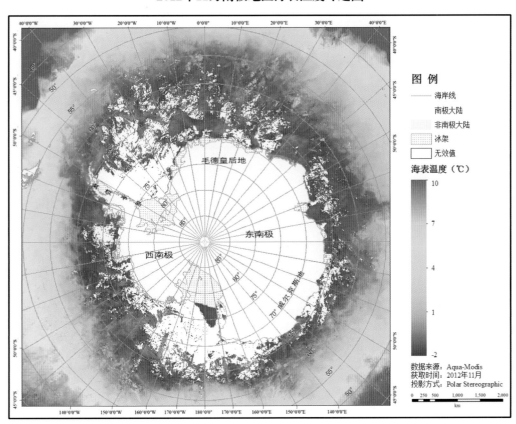

## 2012年12月南极地区海表温度专题图

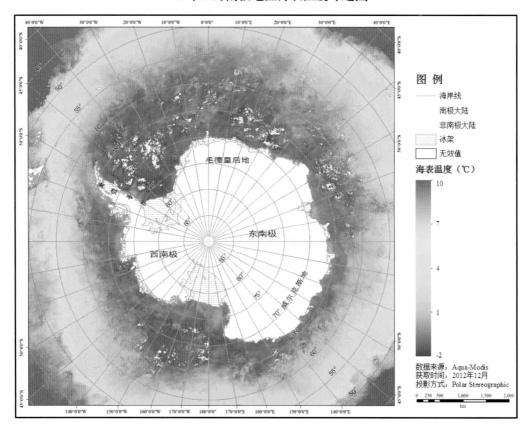

## 2013年1月南极地区海表温度专题图

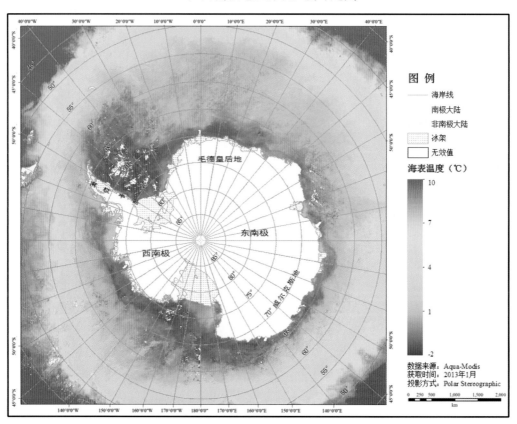

## 2013年2月南极地区海表温度专题图

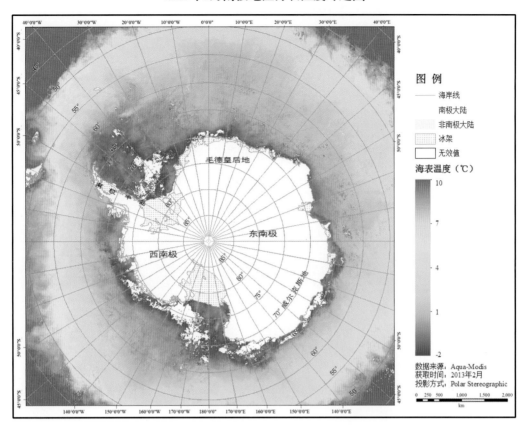

## 2013年3月南极地区海表温度专题图

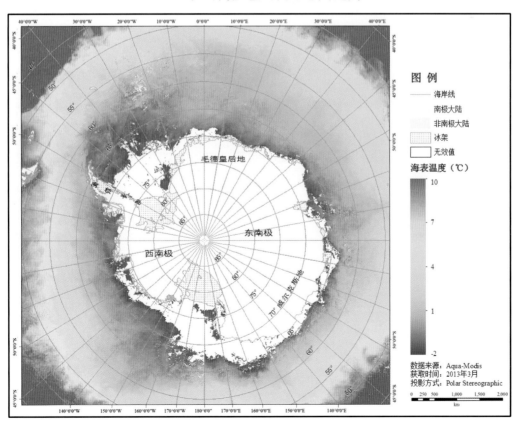

## 2013年10月南极地区海表温度专题图

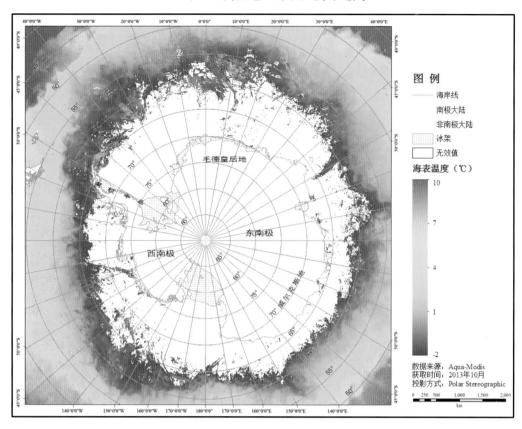

## 2013年11月南极地区海表温度专题图

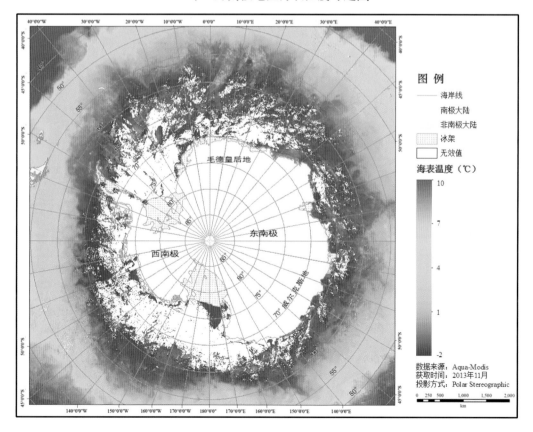

## 2013年12月南极地区海表温度专题图

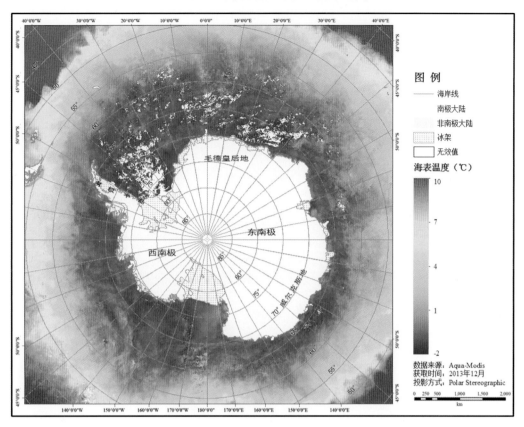

## 2014年1月南极地区海表温度专题图

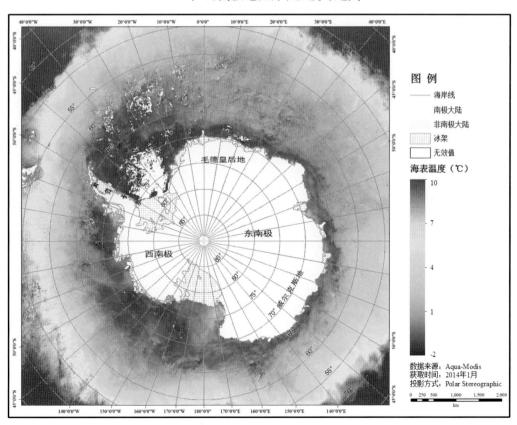

## 2014年2月南极地区海表温度专题图

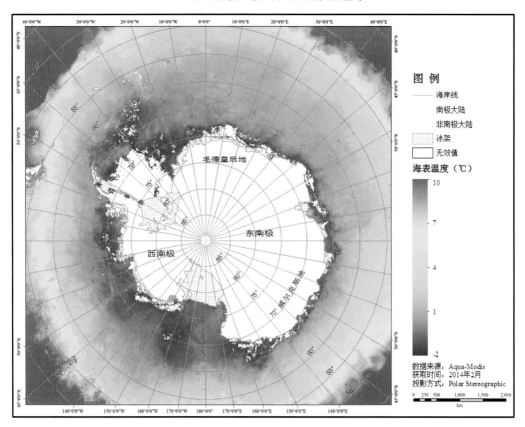

## 2014年3月南极地区海表温度专题图

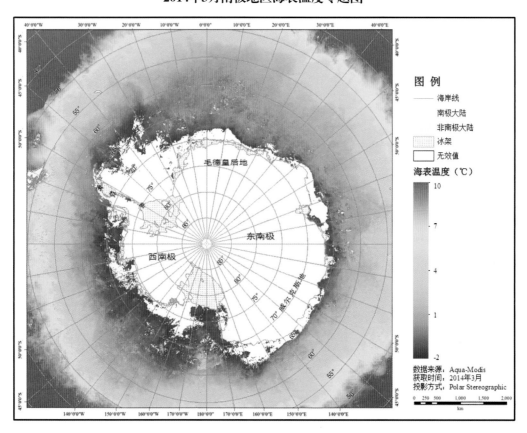

**2014年10月南极地区海表温度专题图**

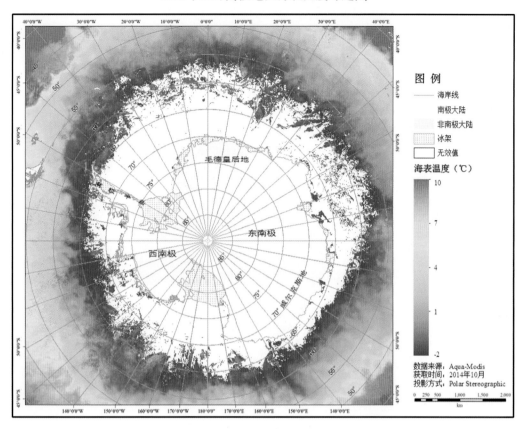

**2014年11月南极地区海表温度专题图**

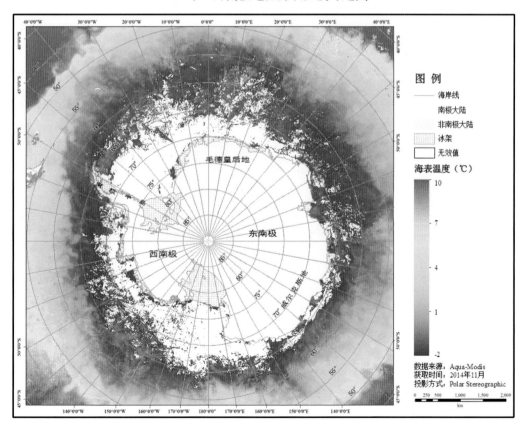

南极地区　环境遥感考察图集

### 2014年12月南极地区海表温度专题图

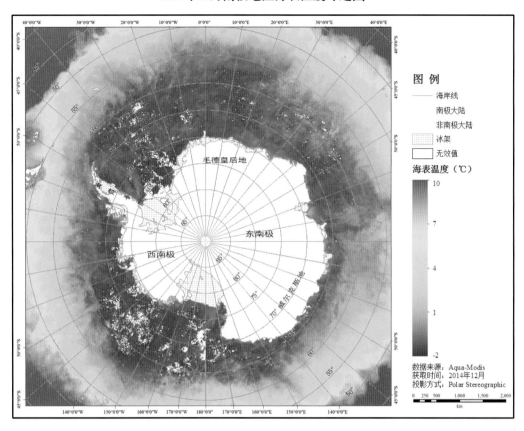

### 2015年1月南极地区海表温度专题图

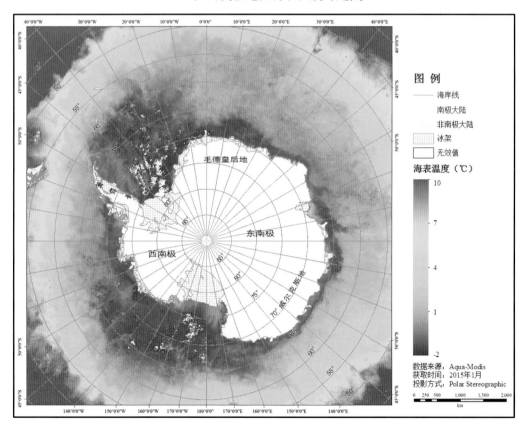

## 2015年2月南极地区海表温度专题图

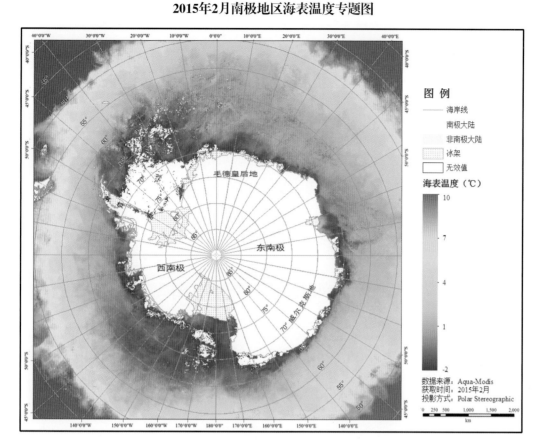

## 2015年3月南极地区海表温度专题图

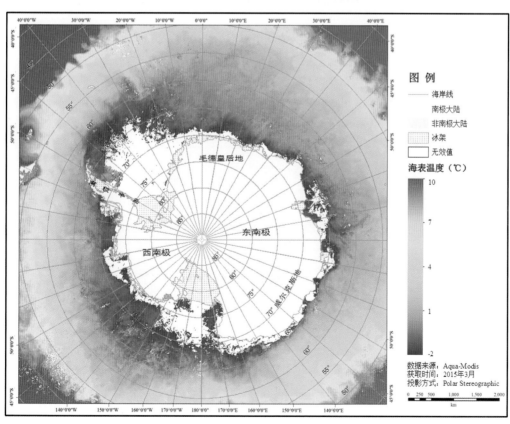

# 第6章 南极周边海域动力环境遥感考察图件

南极周边海域动力环境遥感考察图件包括：①南极周边海域海面风场月平均分布图；②南极周边海域海面风场季平均分布图；③南极周边海域有效波高月平均分布图；④南极周边海域有效波高季平均分布图。

## 6.1 南极周边海域海面风场月平均分布图

基于 Ascat 和 HY-2 散射计数据得到南极周边海域海面风场月平均分布图（2011—2013）。

**2011年1月南极地区海面风场专题图**

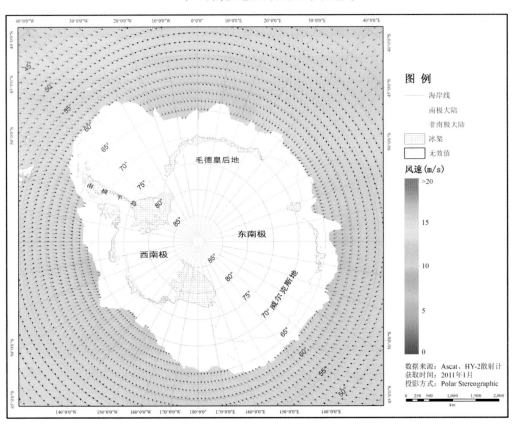

## 2011年2月南极地区海面风场专题图

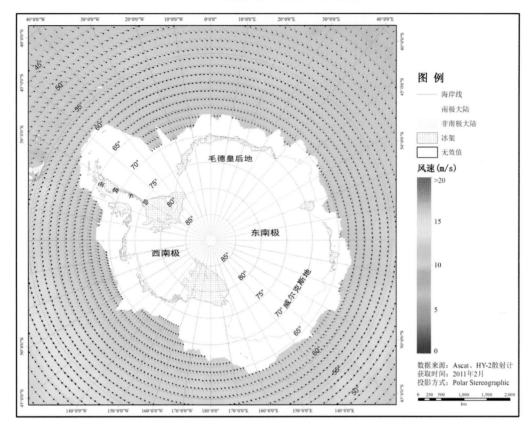

## 2011年3月南极地区海面风场专题图

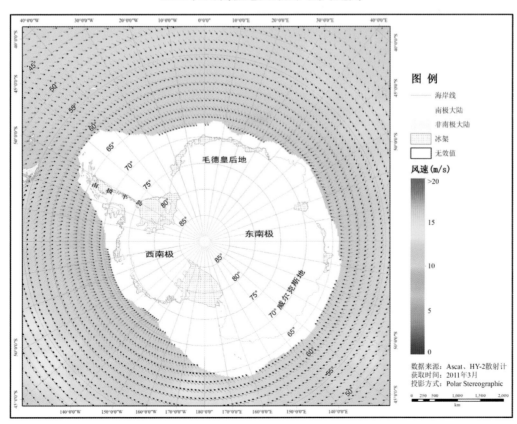

## 2011年4月南极地区海面风场专题图

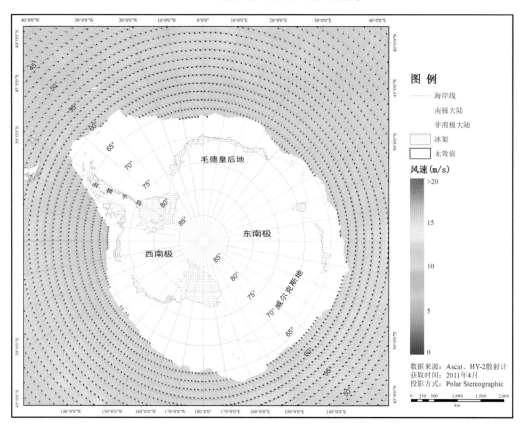

## 2011年5月南极地区海面风场专题图

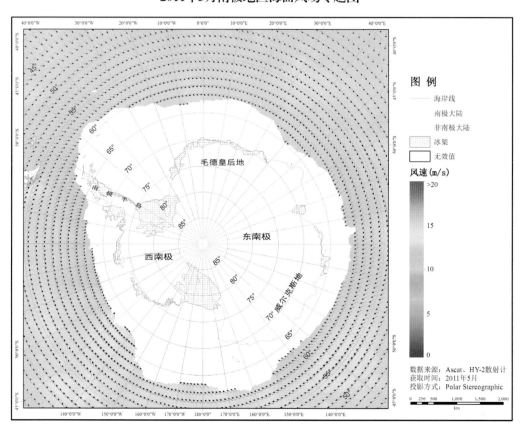

## 2011年6月南极地区海面风场专题图

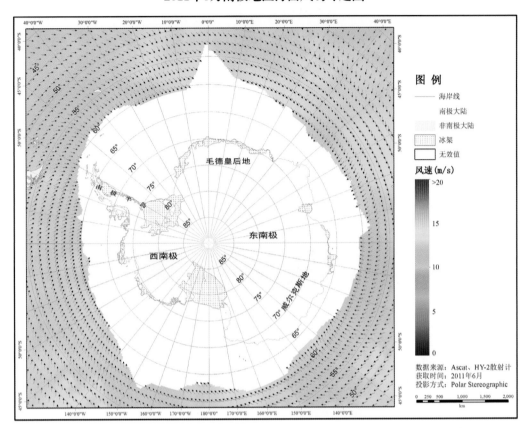

## 2011年7月南极地区海面风场专题图

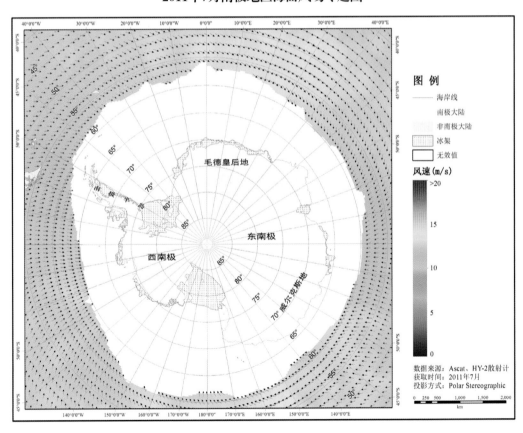

## 2011年8月南极地区海面风场专题图

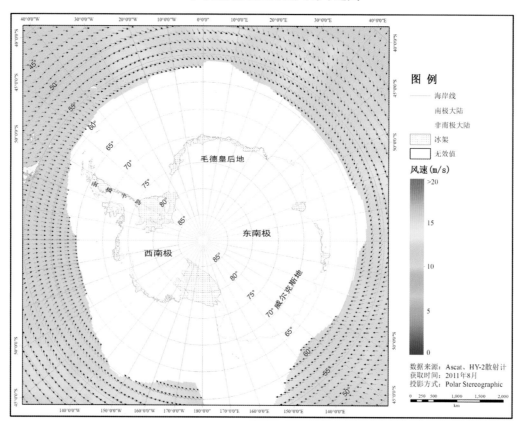

## 2011年9月南极地区海面风场专题图

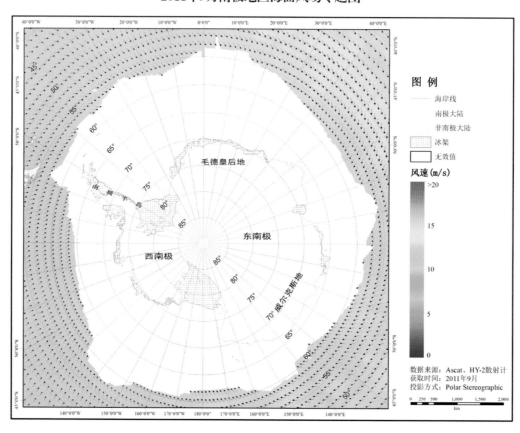

## 2011年10月南极地区海面风场专题图

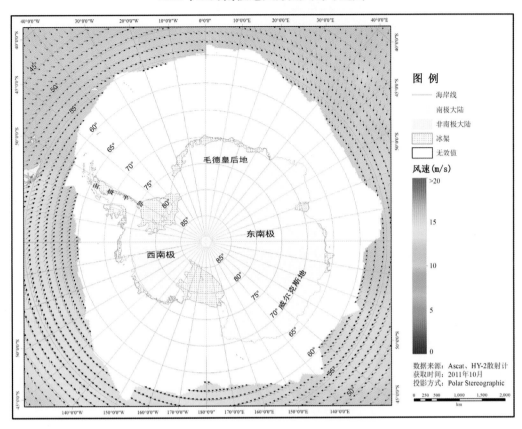

## 2011年11月南极地区海面风场专题图

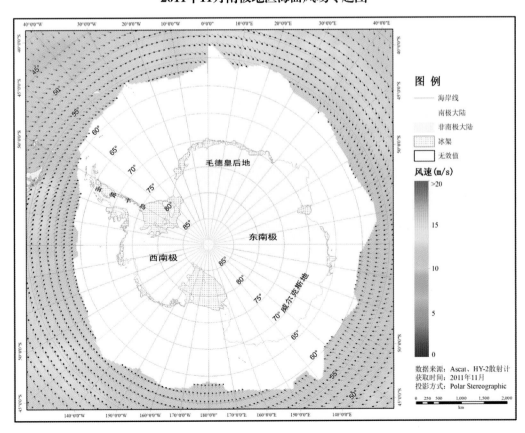

## 2011年12月南极地区海面风场专题图

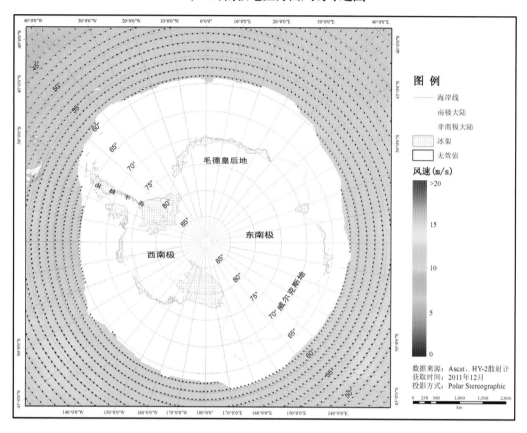

## 2012年1月南极地区海面风场专题图

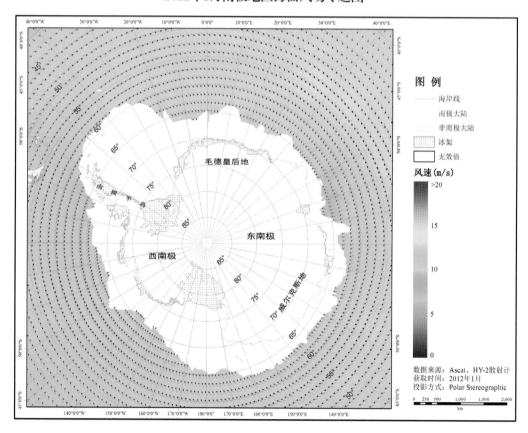

## 2012年2月南极地区海面风场专题图

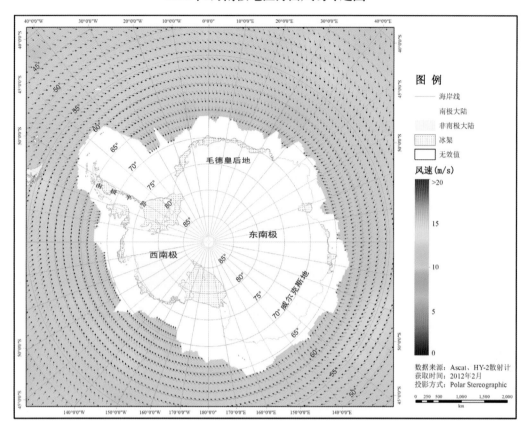

## 2012年3月南极地区海面风场专题图

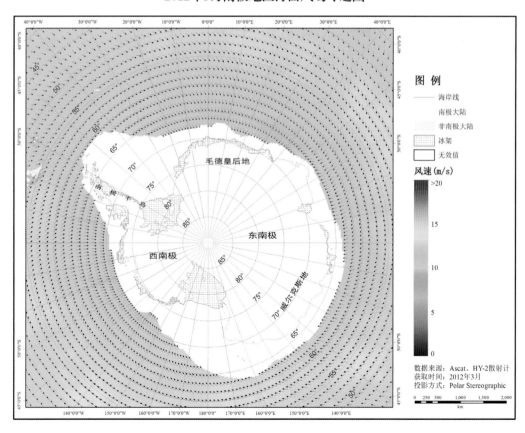

## 2012年4月南极地区海面风场专题图

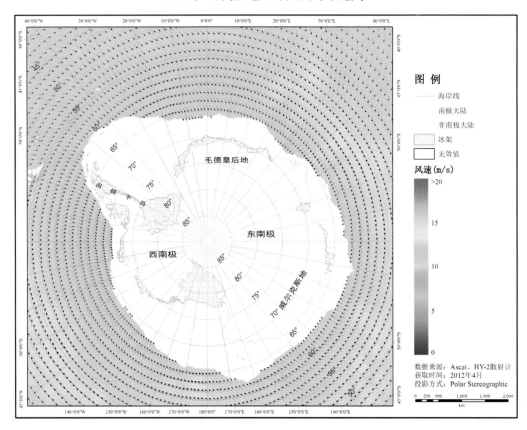

## 2012年5月南极地区海面风场专题图

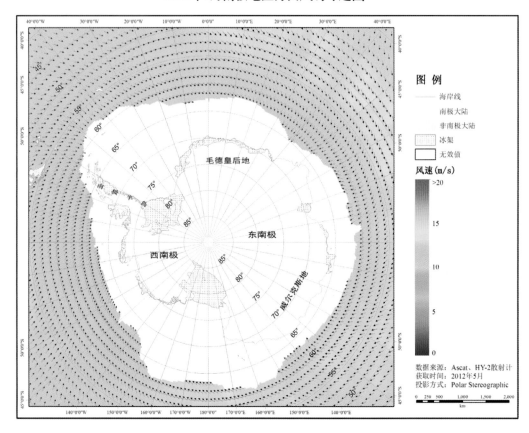

## 2012年6月南极地区海面风场专题图

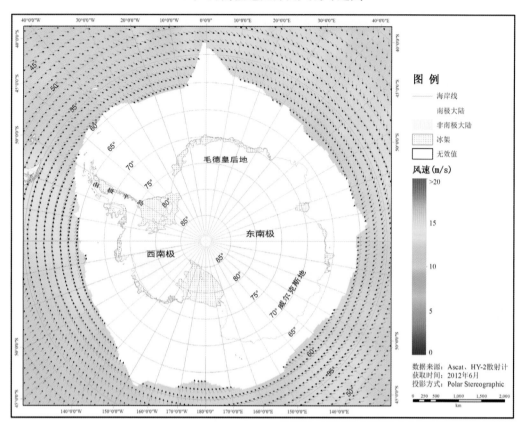

## 2012年7月南极地区海面风场专题图

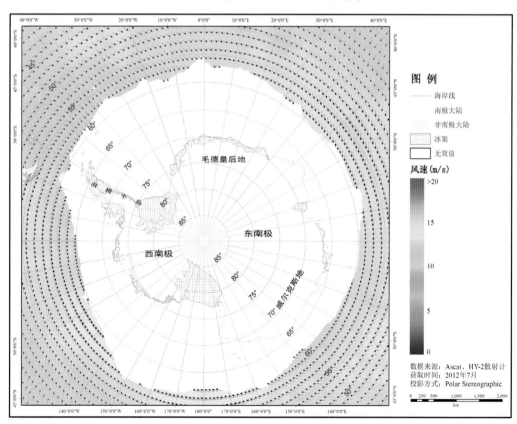

## 2012年8月南极地区海面风场专题图

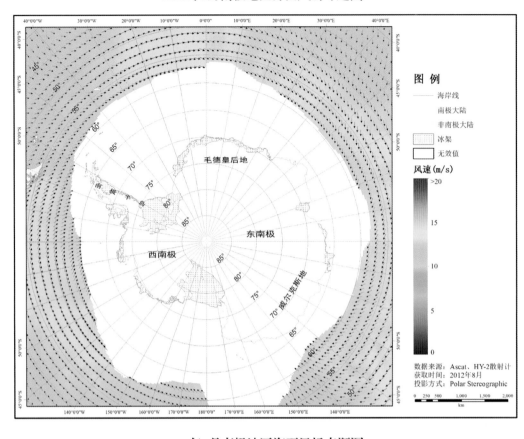

## 2012年9月南极地区海面风场专题图

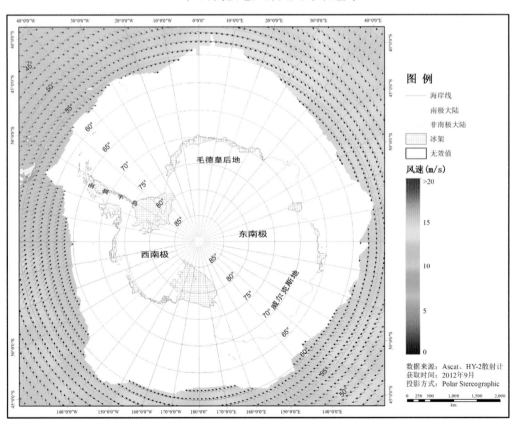

## 2012年10月南极地区海面风场专题图

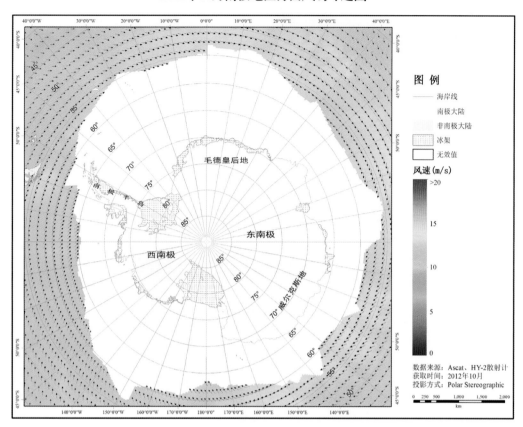

## 2012年11月南极地区海面风场专题图

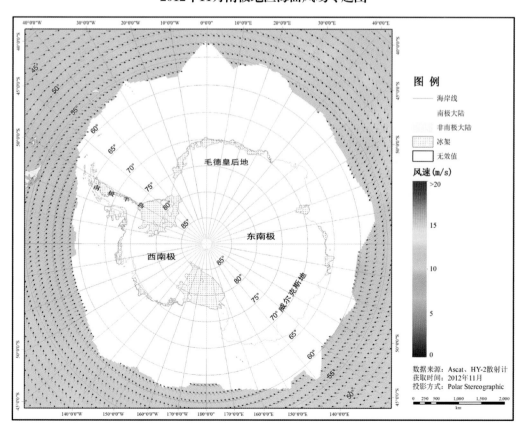

## 2012年12月南极地区海面风场专题图

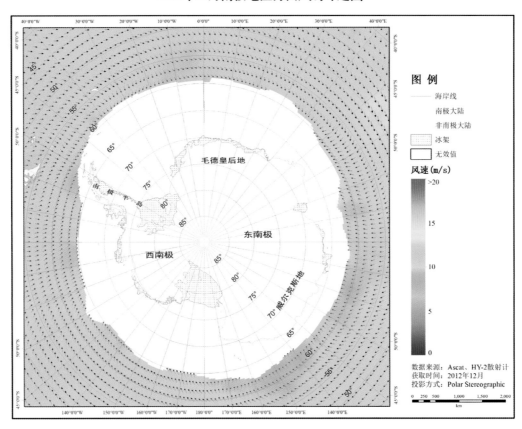

## 2013年1月南极地区海面风场专题图

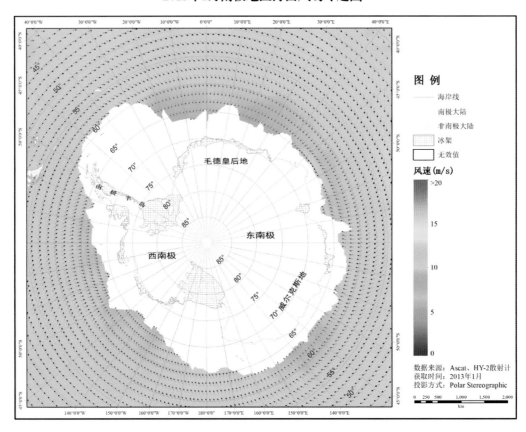

## 2013年2月南极地区海面风场专题图

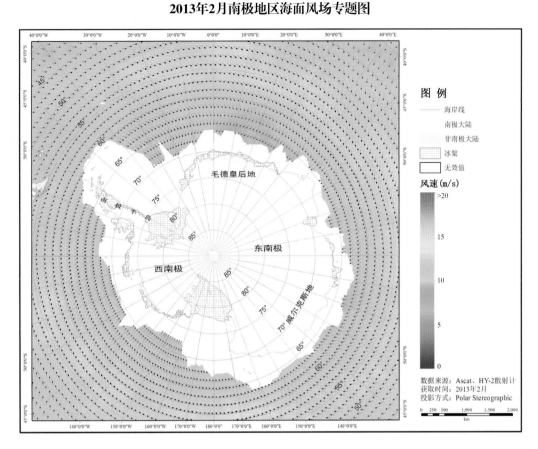

## 2013年3月南极地区海面风场专题图

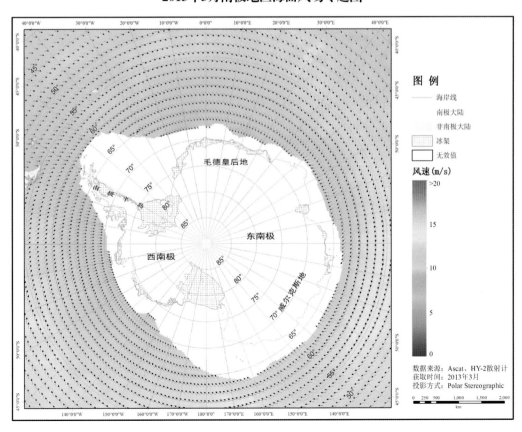

## 2013年4月南极地区海面风场专题图

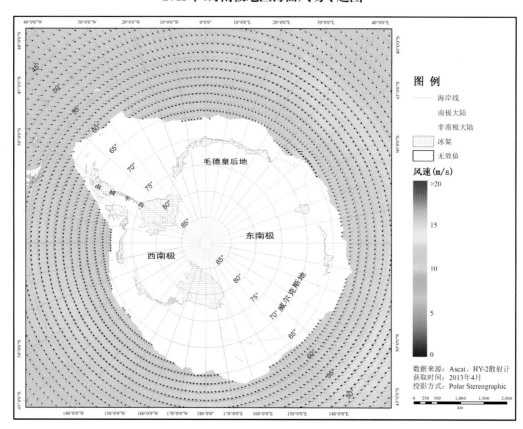

## 2013年5月南极地区海面风场专题图

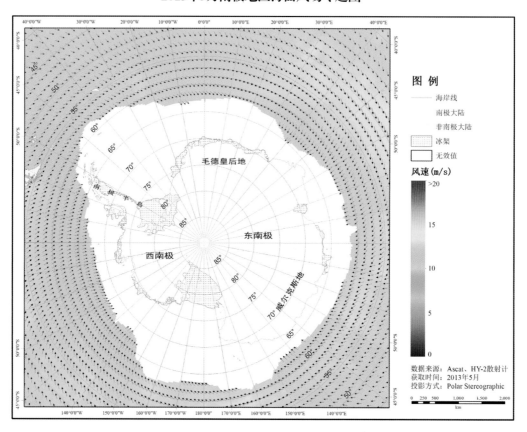

## 2013年6月南极地区海面风场专题图

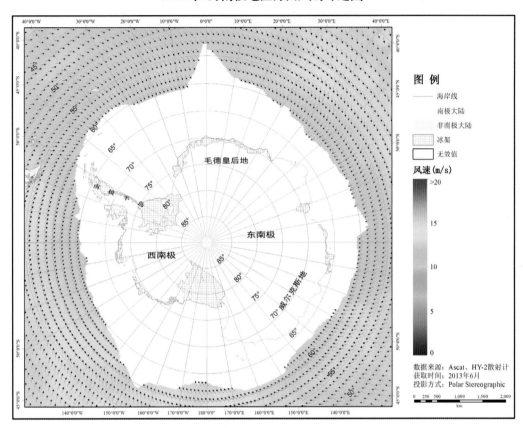

## 2013年7月南极地区海面风场专题图

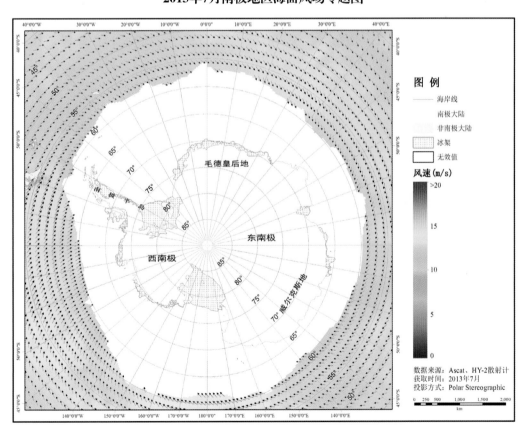

**2013年8月南极地区海面风场专题图**

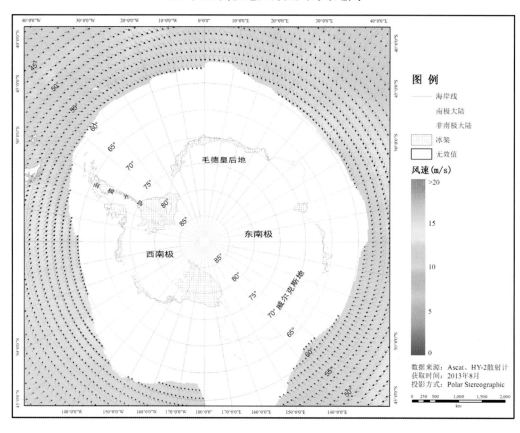

**2013年9月南极地区海面风场专题图**

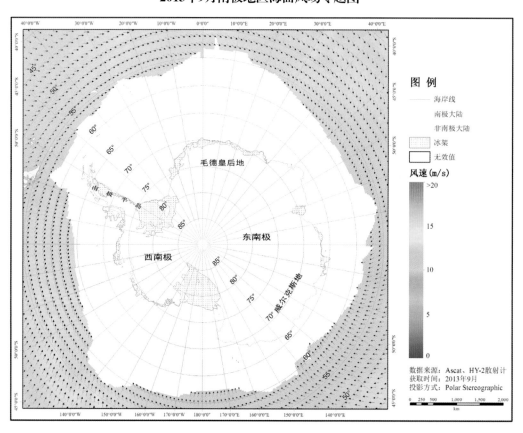

## 2013年10月南极地区海面风场专题图

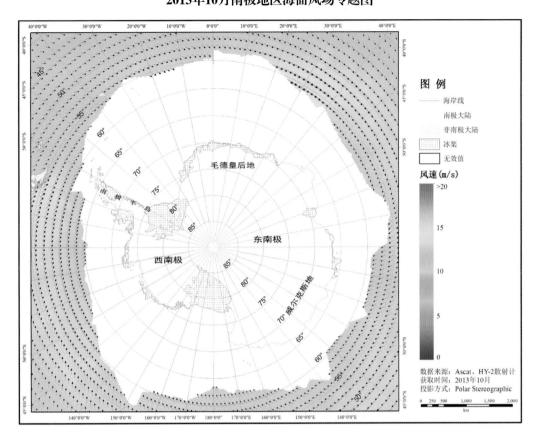

## 2013年11月南极地区海面风场专题图

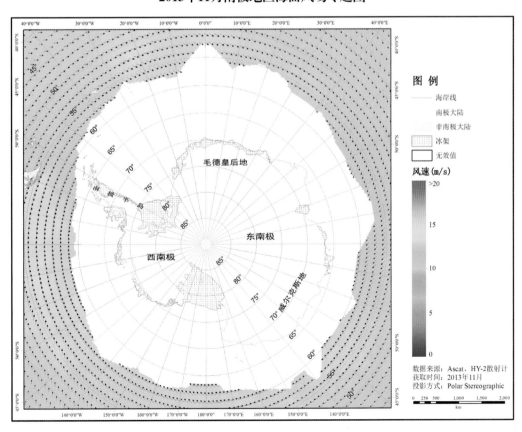

## 2013年12月南极地区海面风场专题图

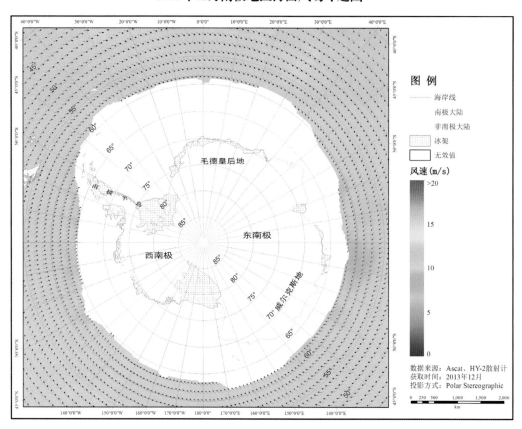

## 6.2 南极周边海域海面风场季平均分布图

基于 Ascat 和 HY-2 散射计数据得到南极周边海域海面风场季平均分布图（2011—2013 年）。

**2011年春季南极地区海面风场专题图**

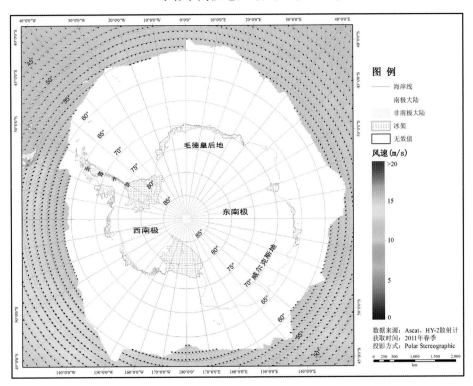

**2011年夏季南极地区海面风场专题图**

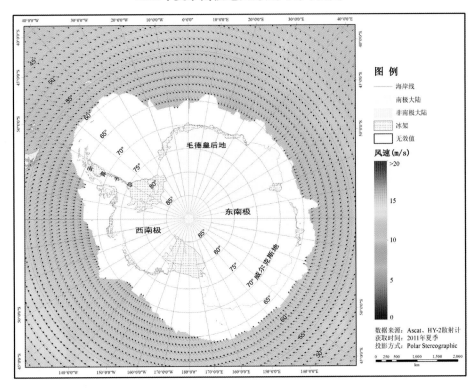

南极地区 环境遥感考察图集

## 2011年秋季南极地区海面风场专题图

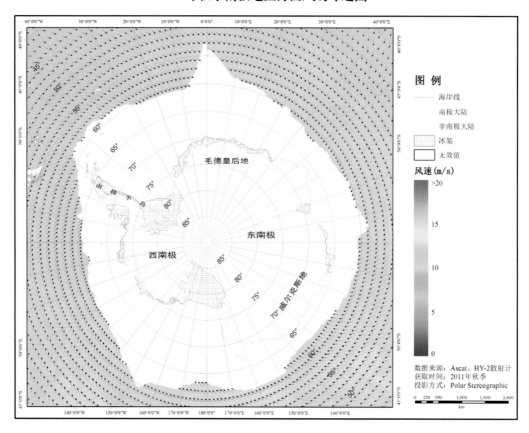

## 2011年冬季南极地区海面风场专题图

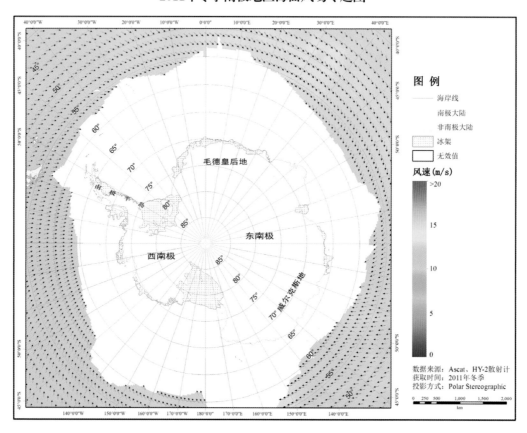

## 2012年春季南极地区海面风场专题图

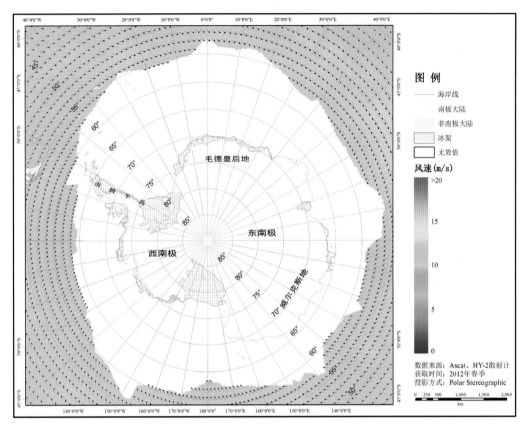

## 2012年夏季南极地区海面风场专题图

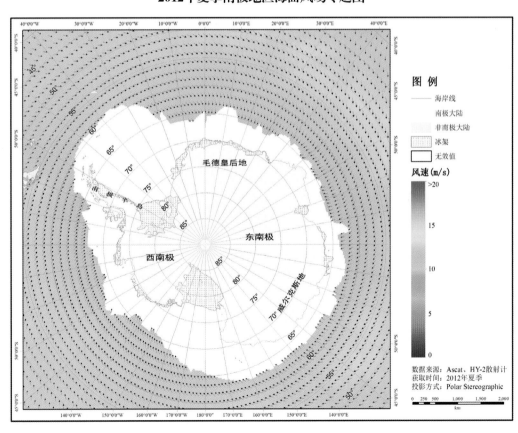

## 2012年秋季南极地区海面风场专题图

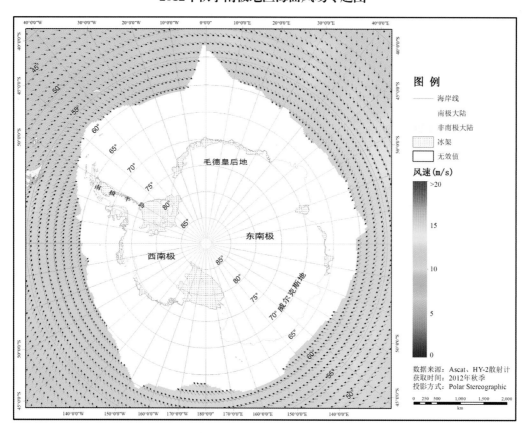

## 2012年冬季南极地区海面风场专题图

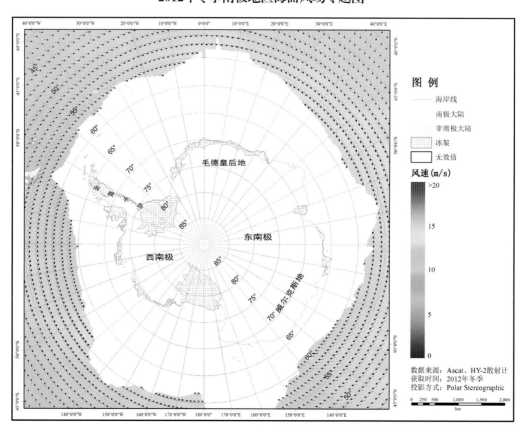

## 2013年春季南极地区海面风场专题图

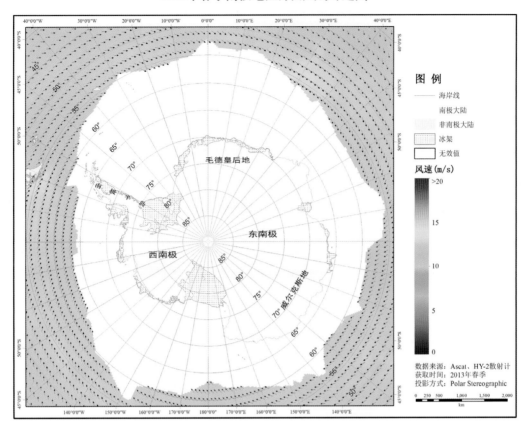

## 2013年夏季南极地区海面风场专题图

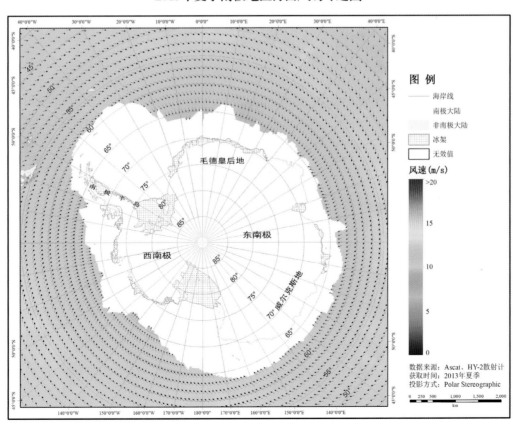

## 2013年秋季南极地区海面风场专题图

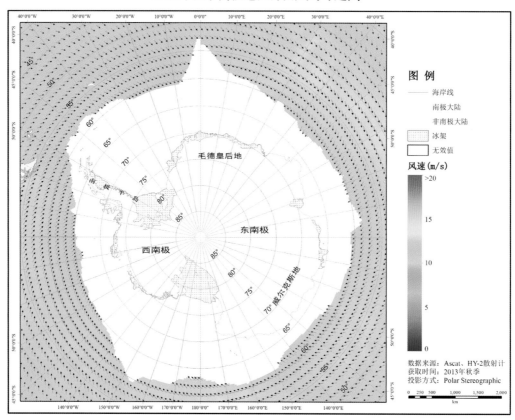

## 2013年冬季南极地区海面风场专题图

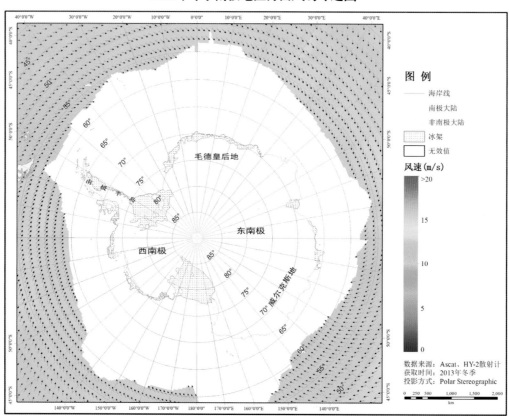

## 6.3　南极周边海域有效波高月平均分布图

基于 Jason-2、Envisat 和 HY-2 高度计数据得到南极周边海域海浪有效波高月平均分布图（2011—2013 年）。

**2011年1月南极地区海面有效波高专题图**

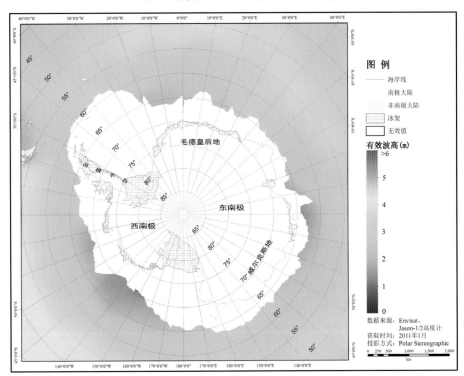

**2011年2月南极地区海面有效波高专题图**

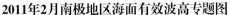

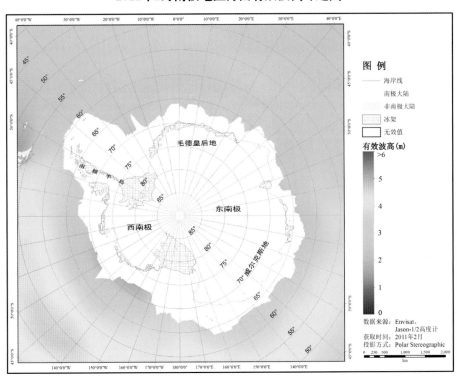

## 2011年3月南极地区海面有效波高专题图

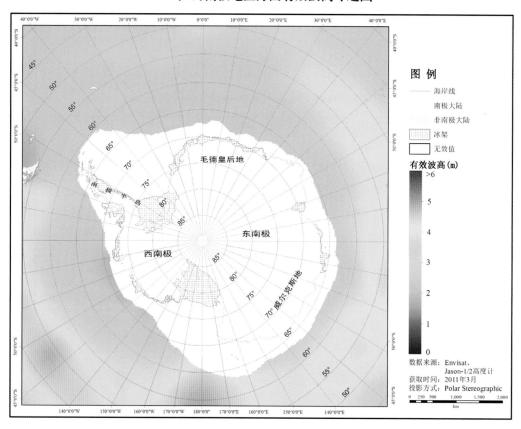

## 2011年4月南极地区海面有效波高专题图

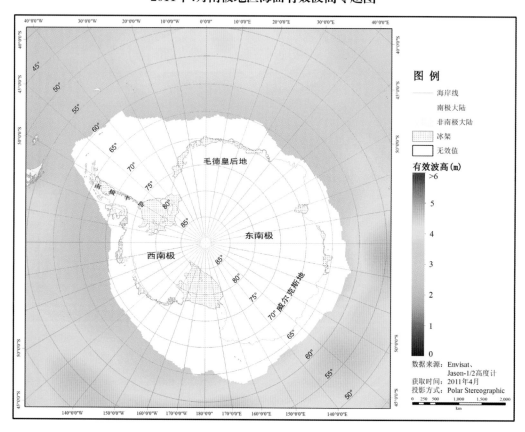

## 2011年5月南极地区海面有效波高专题图

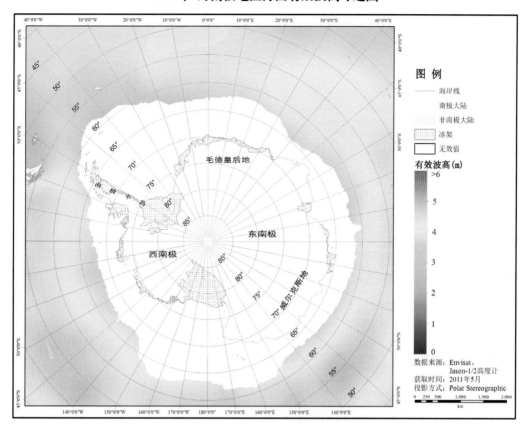

## 2011年6月南极地区海面有效波高专题图

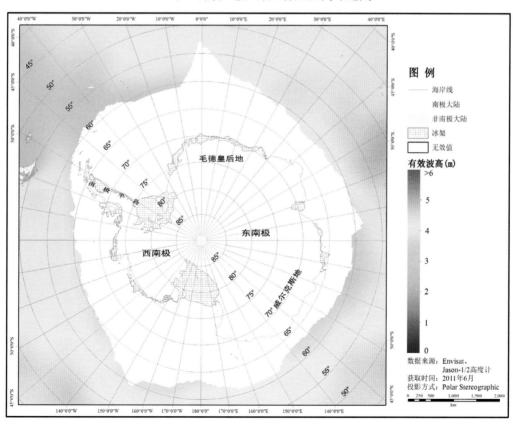

## 2011年7月南极地区海面有效波高专题图

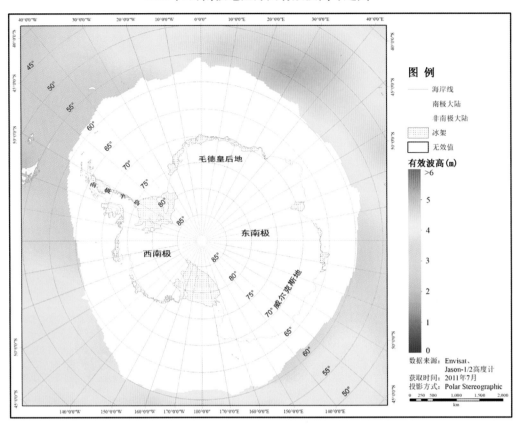

## 2011年8月南极地区海面有效波高专题图

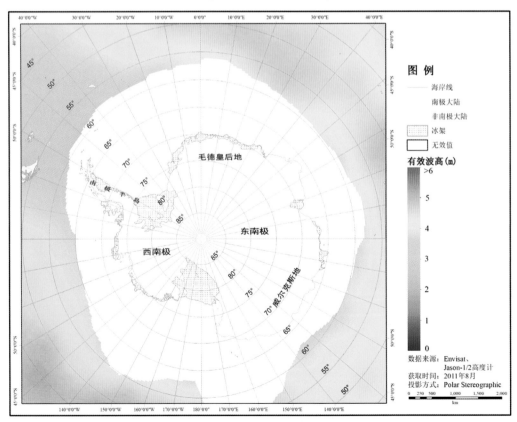

## 2011年9月南极地区海面有效波高专题图

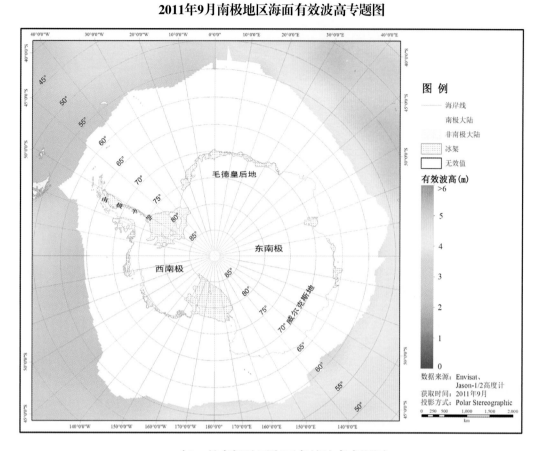

## 2011年10月南极地区海面有效波高专题图

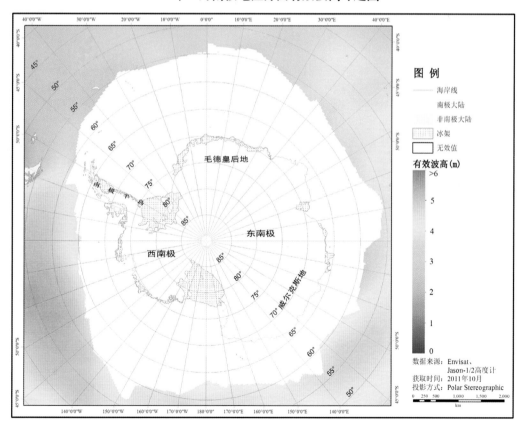

## 2011年11月南极地区海面有效波高专题图

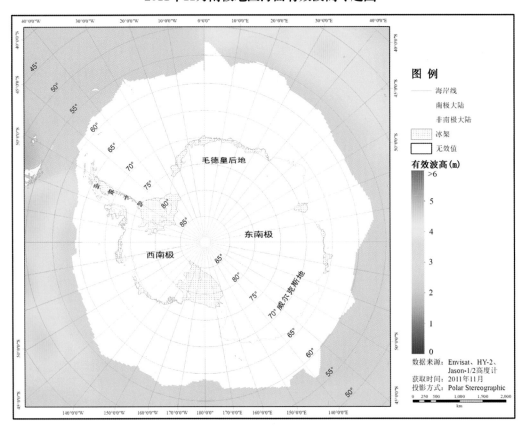

## 2011年12月南极地区海面有效波高专题图

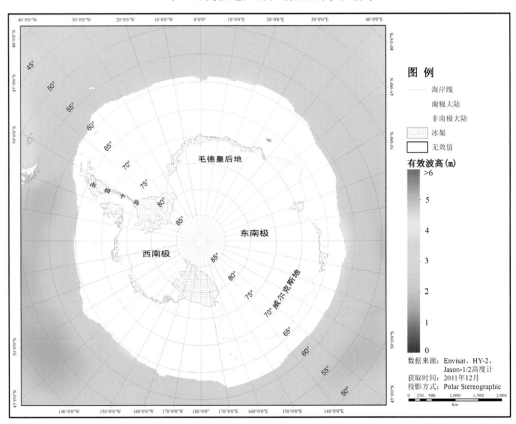

## 2012年1月南极地区海面有效波高专题图

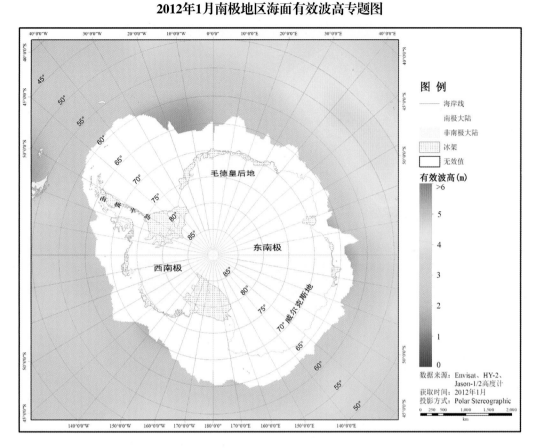

## 2012年2月南极地区海面有效波高专题图

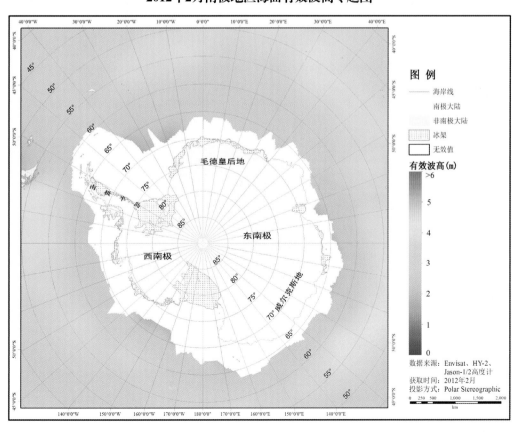

## 2012年3月南极地区海面有效波高专题图

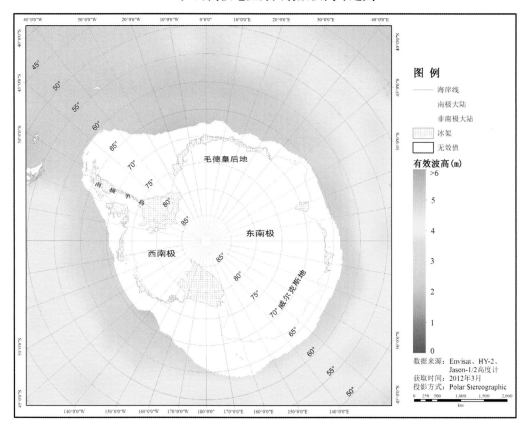

## 2012年4月南极地区海面有效波高专题图

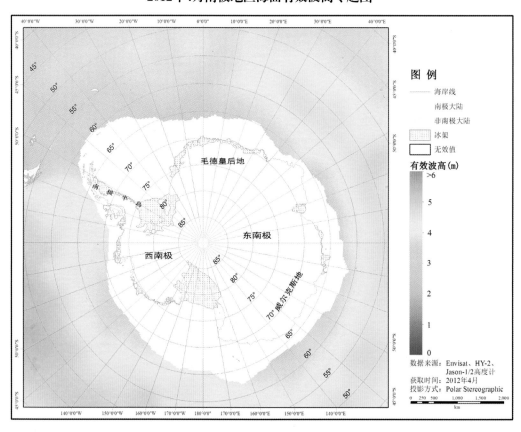

**2012年5月南极地区海面有效波高专题图**

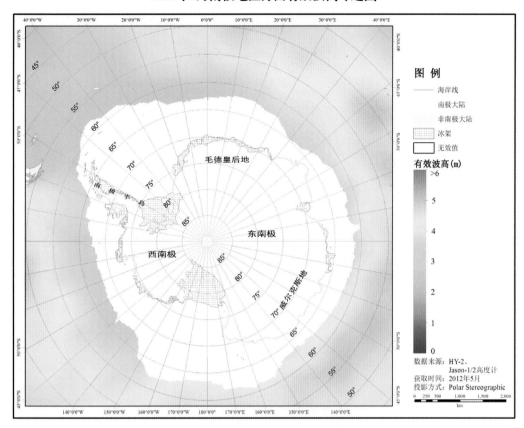

**2012年6月南极地区海面有效波高专题图**

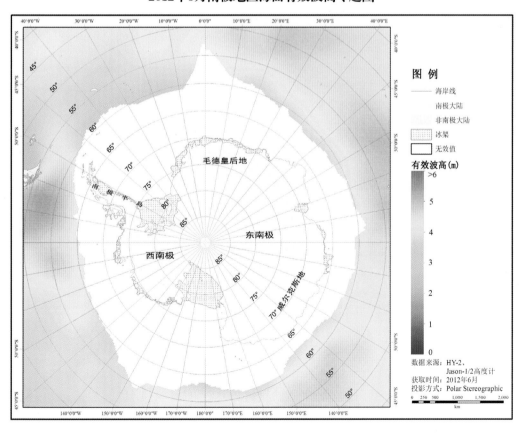

## 2012年7月南极地区海面有效波高专题图

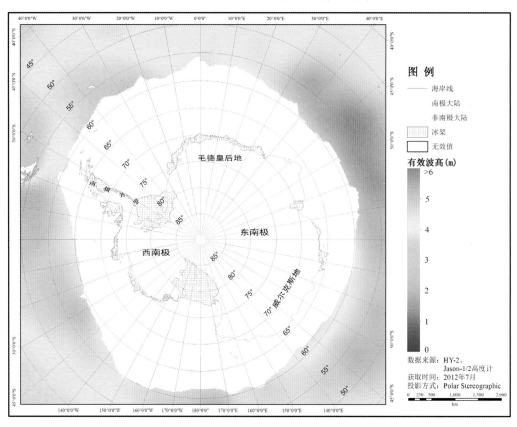

## 2012年8月南极地区海面有效波高专题图

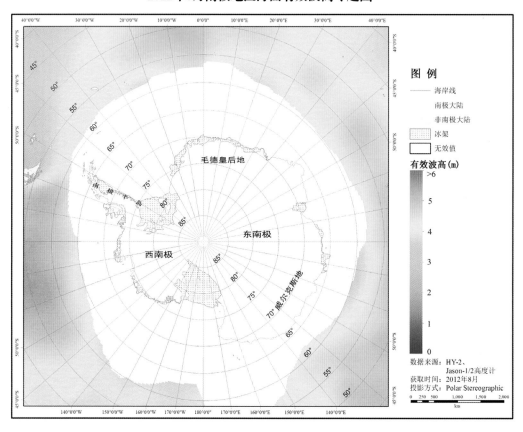

## 2012年9月南极地区海面有效波高专题图

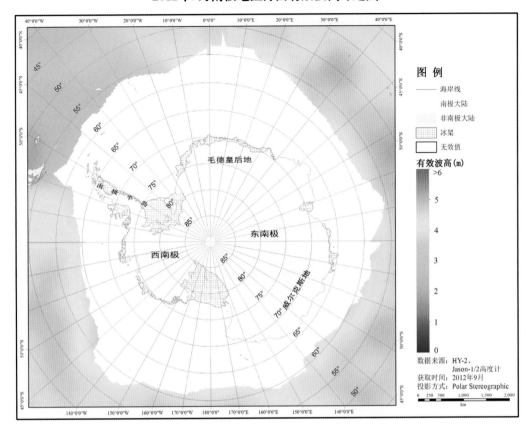

## 2012年10月南极地区海面有效波高专题图

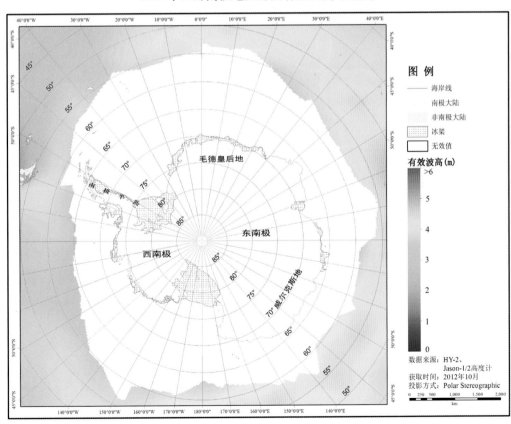

## 2012年11月南极地区海面有效波高专题图

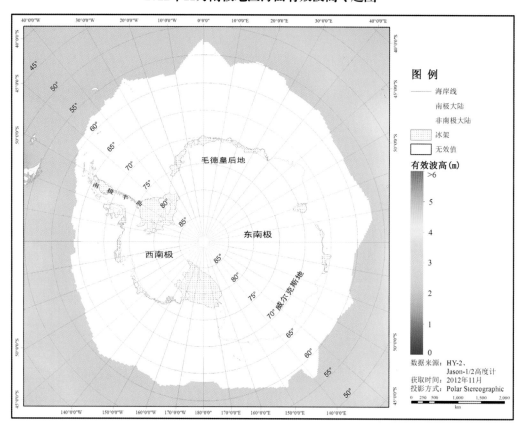

## 2012年12月南极地区海面有效波高专题图

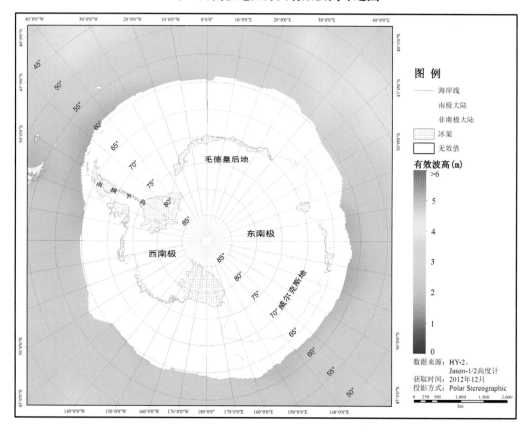

## 2013年1月南极地区海面有效波高专题图

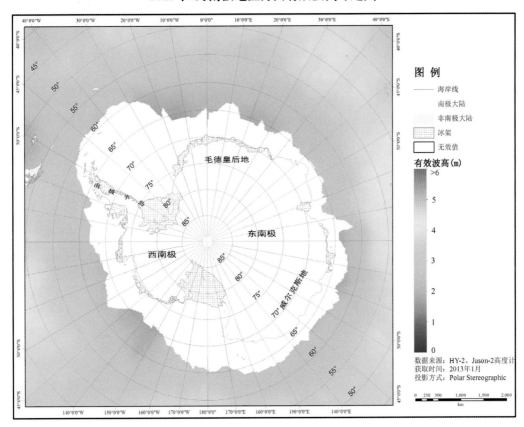

## 2013年2月南极地区海面有效波高专题图

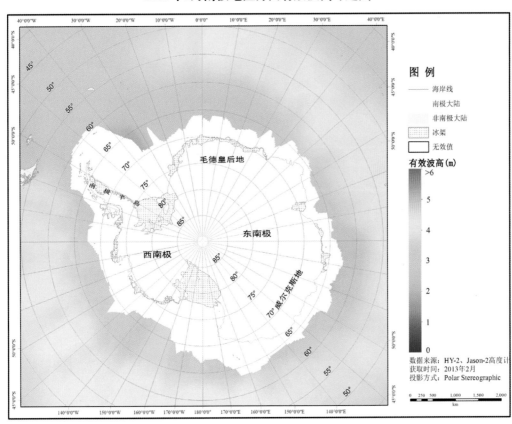

## 2013年3月南极地区海面有效波高专题图

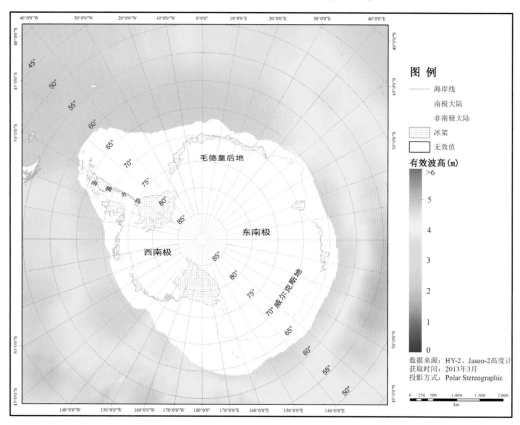

## 2013年4月南极地区海面有效波高专题图

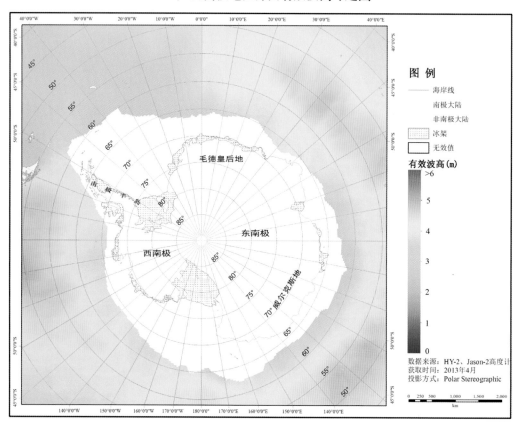

## 2013年5月南极地区海面有效波高专题图

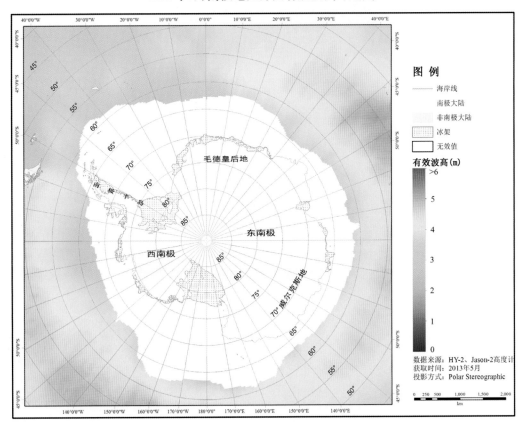

## 2013年6月南极地区海面有效波高专题图

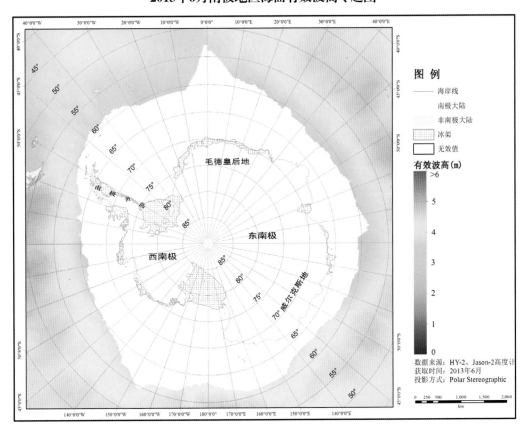

## 2013年7月南极地区海面有效波高专题图

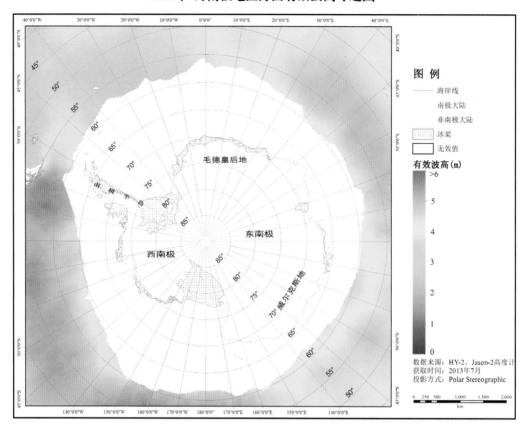

## 2013年8月南极地区海面有效波高专题图

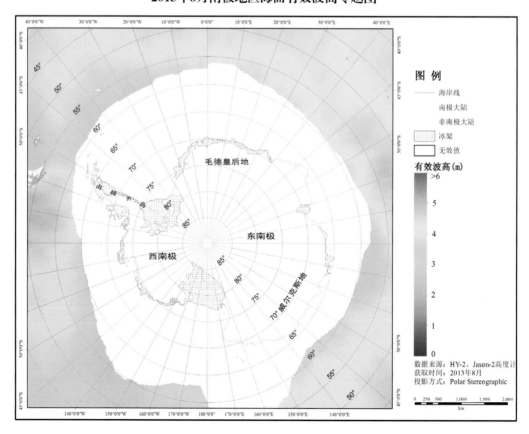

## 2013年9月南极地区海面有效波高专题图

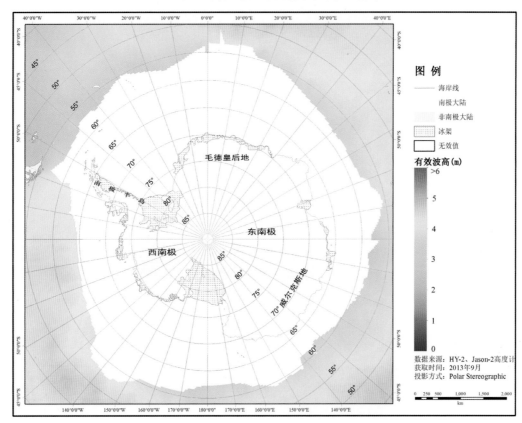

## 2013年10月南极地区海面有效波高专题图

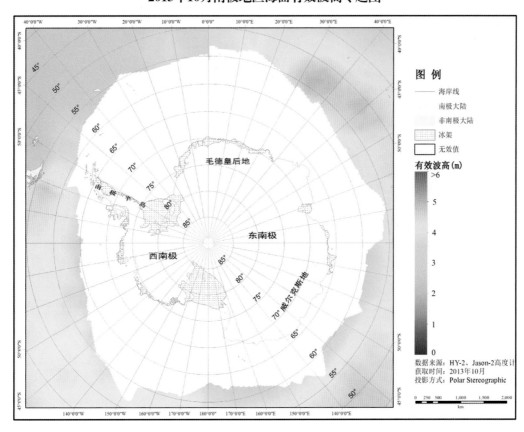

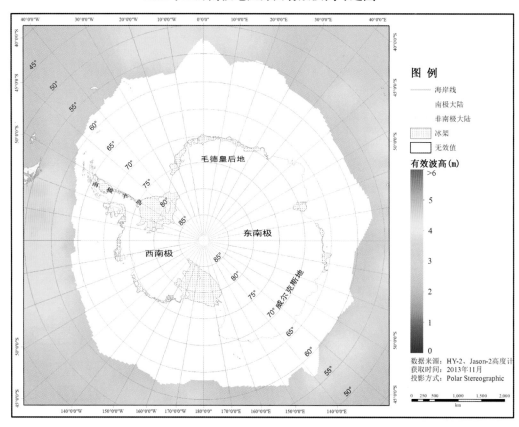

## 2013年11月南极地区海面有效波高专题图

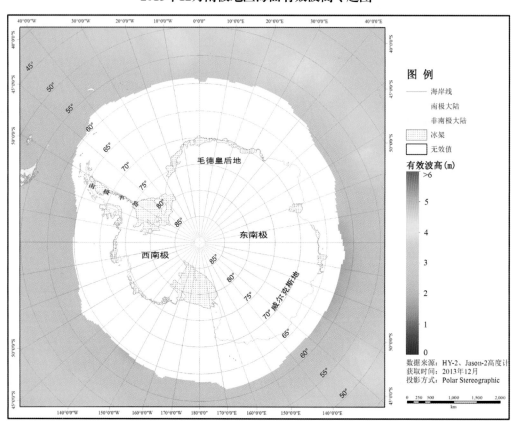

## 2013年12月南极地区海面有效波高专题图

## 2013年11月南极地区海面有效波高专题图

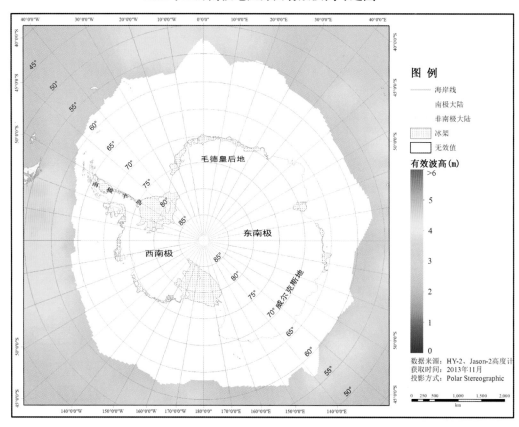

## 2013年12月南极地区海面有效波高专题图

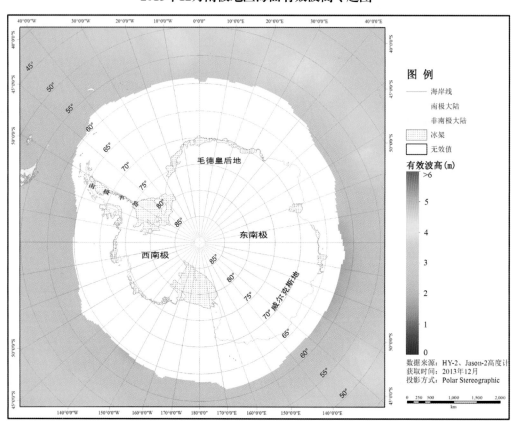

## 6.4　南极周边海域有效波高季平均分布图

基于 Jason-2、Envisat 和 HY-2 高度计数据得到南极周边海域海浪有效波高季平均分布图（2011—2013 年）。

**2011年春季南极地区海面有效波高专题图**

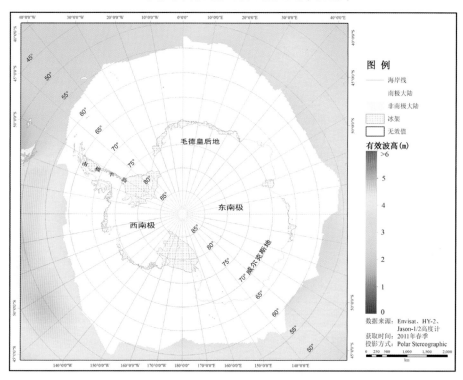

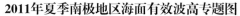

**2011年夏季南极地区海面有效波高专题图**

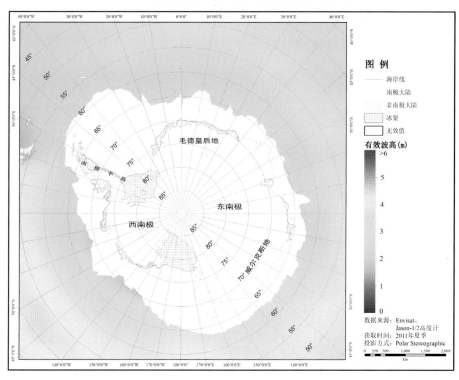

## 2011年秋季南极地区海面有效波高专题图

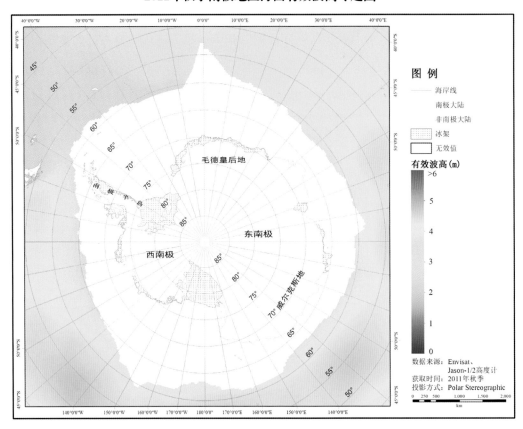

## 2011年冬季南极地区海面有效波高专题图

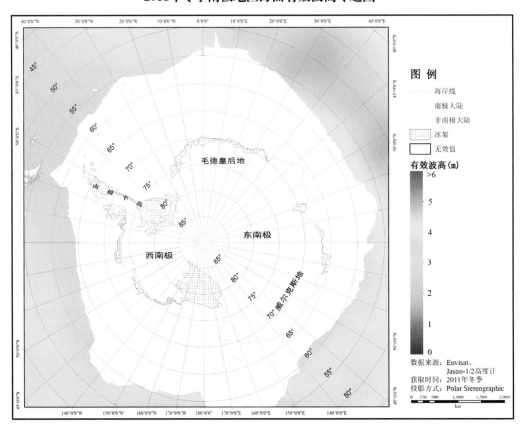

## 2012年春季南极地区海面有效波高专题图

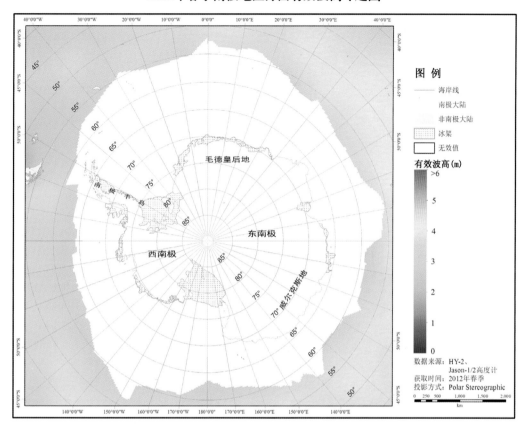

## 2012年夏季南极地区海面有效波高专题图

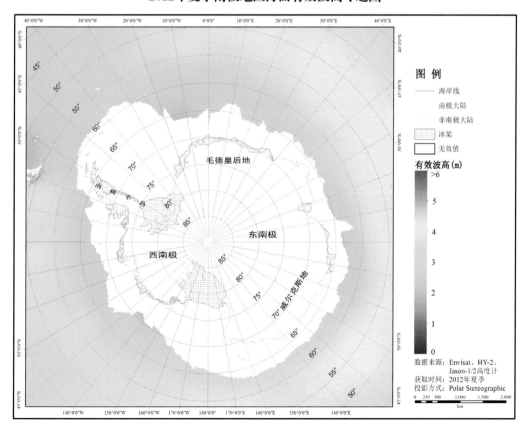

## 2012年秋季南极地区海面有效波高专题图

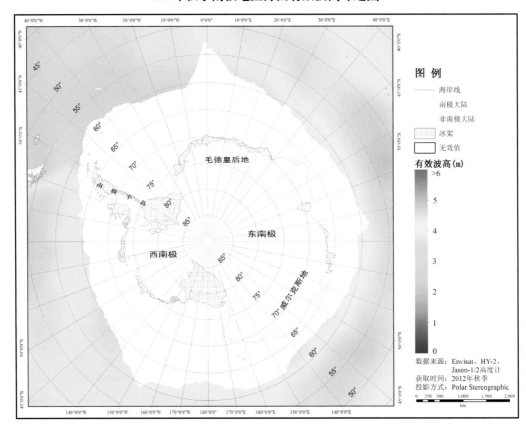

## 2012年冬季南极地区海面有效波高专题图

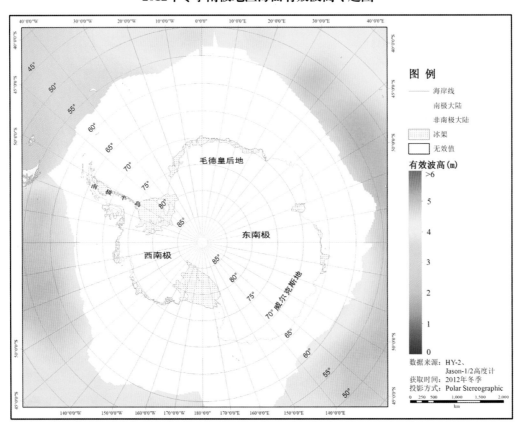

## 2013年春季南极地区海面有效波高专题图

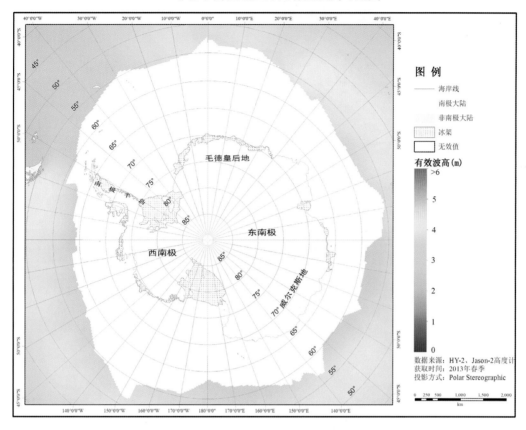

## 2013年夏季南极地区海面有效波高专题图

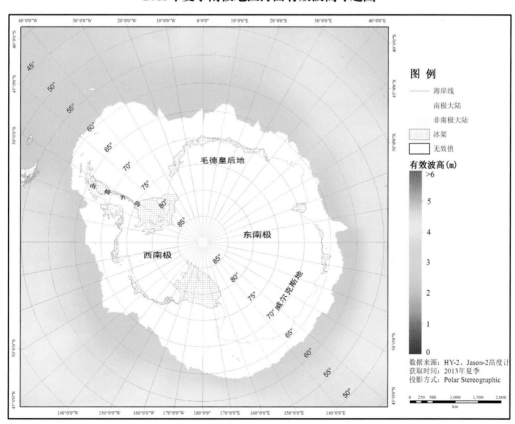

## 2013年秋季南极地区海面有效波高专题图

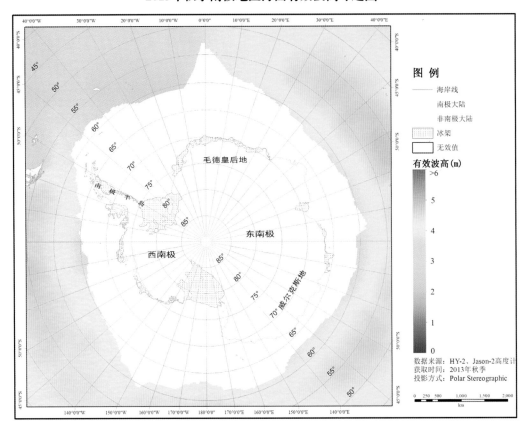

## 2013年冬季南极地区海面有效波高专题图

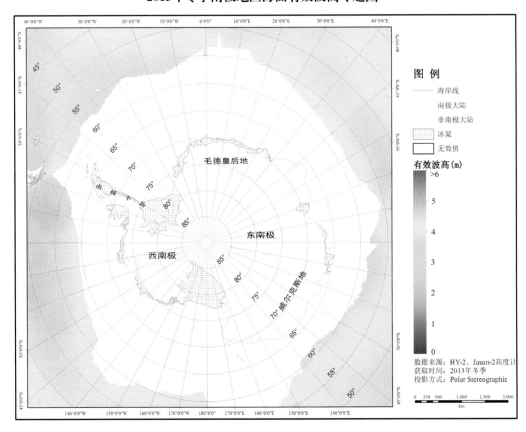

# 第7章 南极气象环境遥感考察图件

南极气象环境遥感考察图件主要包括南极绕极气旋移动路径图。南极绕极气旋移动路径编绘工作是基于 PMSL 卫星遥感影像数据，结合气压场数据与气旋形态，追踪气旋中心，跟踪移动路径，分别完成了南极地区 2012—2013 年夏季（12 月—翌年 1 月），2013—2014 年夏季（12 月—翌年 1 月），2014—2015 年夏季（12 月—翌年 1 月）绕极气旋移动路径追踪和路径图的编绘。

## 7.1 南极绕极气旋移动路径图（2012 年 12 月—翌年 1 月）

**南极遥感调查——绕极气旋移动路径图（2012年12月上旬）**

制图单位：东海预报中心遥感室　　坐标系：极方位立体投影　　比例尺：1：20000000　　图件绘制：秦平　　绘制时间：2013-10

### 南极遥感调查——绕极气旋移动路径图（2012年12月中旬）

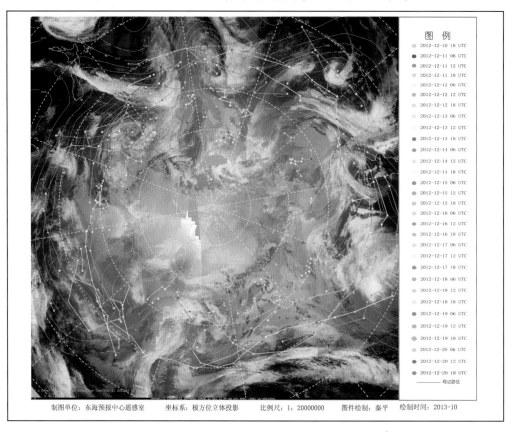

制图单位：东海预报中心遥感室　　坐标系：极方位立体投影　　比例尺：1：20000000　　图件绘制：秦平　　绘制时间：2013-10

### 南极遥感调查——绕极气旋移动路径图（2012年12月下旬）

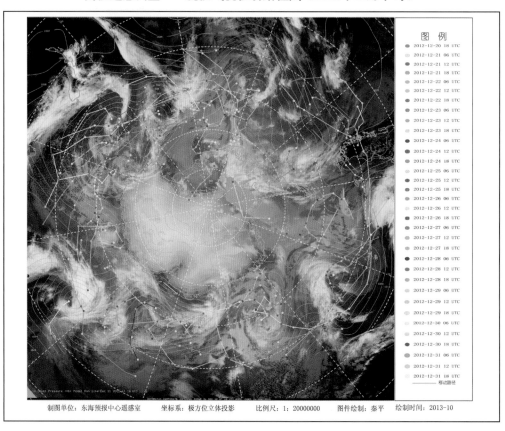

制图单位：东海预报中心遥感室　　坐标系：极方位立体投影　　比例尺：1：20000000　　图件绘制：秦平　　绘制时间：2013-10

## 南极遥感调查——绕极气旋移动路径图（2013年1月上旬）

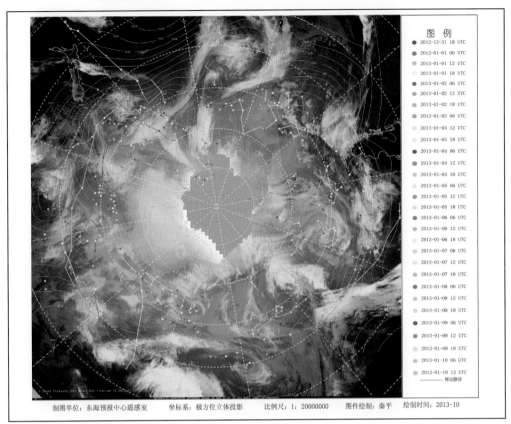

制图单位：东海预报中心遥感室　　坐标系：极方位立体投影　　比例尺：1：20000000　　图件绘制：秦平　　绘制时间：2013-10

## 南极遥感调查——绕极气旋移动路径图（2013年1月中旬）

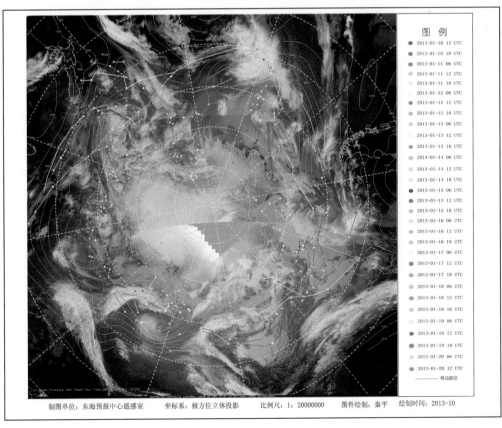

制图单位：东海预报中心遥感室　　坐标系：极方位立体投影　　比例尺：1：20000000　　图件绘制：秦平　　绘制时间：2013-10

南极遥感调查——绕极气旋移动路径图（2013年1月下旬）

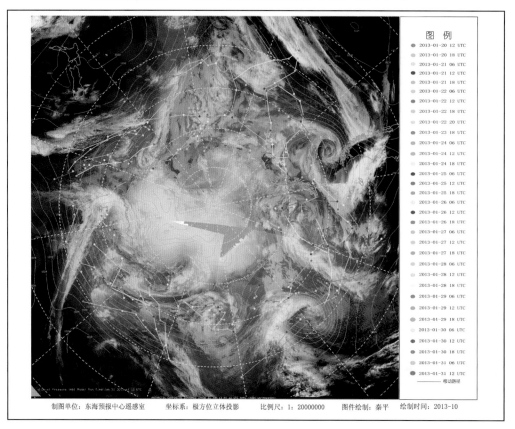

# 7.2 南极绕极气旋移动路径图（2013 年 12 月—翌年 1 月）

## 南极遥感调查——绕极气旋移动路径图（2013年12月上旬）

制图单位：东海预报中心遥感室　　　坐标系：极方位立体投影　　　比例尺：1：20000000　　　图件绘制：秦平　　　绘制时间：2014-10

## 南极遥感调查——绕极气旋移动路径图（2013年12月中旬）

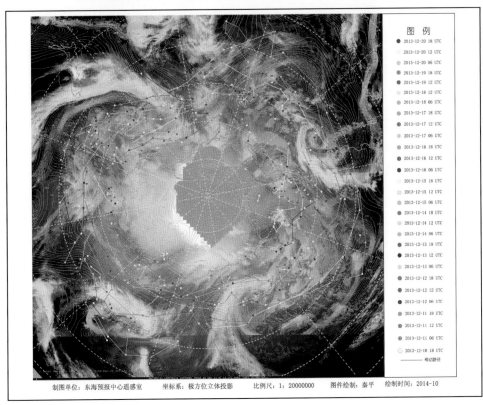

制图单位：东海预报中心遥感室　　　坐标系：极方位立体投影　　　比例尺：1：20000000　　　图件绘制：秦平　　　绘制时间：2014-10

## 南极遥感调查——绕极气旋移动路径图（2013年12月下旬）

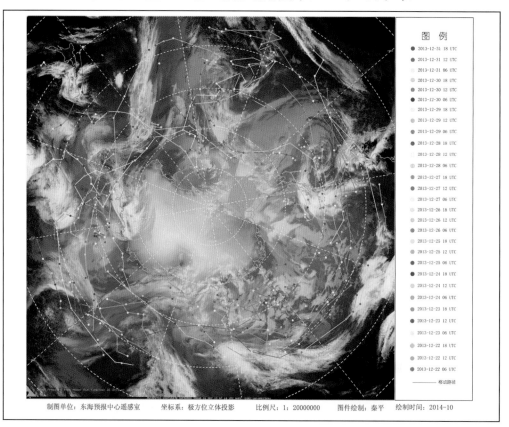

制图单位：东海预报中心遥感室　　坐标系：极方位立体投影　　比例尺：1：20000000　　图件绘制：秦平　　绘制时间：2014-10

## 南极遥感调查——绕极气旋移动路径图（2014年1月上旬）

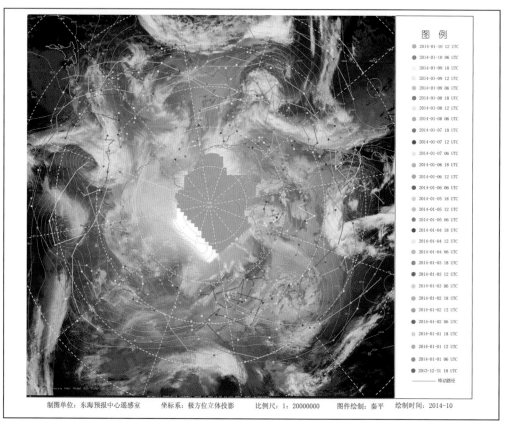

制图单位：东海预报中心遥感室　　坐标系：极方位立体投影　　比例尺：1：20000000　　图件绘制：秦平　　绘制时间：2014-10

南极遥感调查——绕极气旋移动路径图（2014年1月中旬）

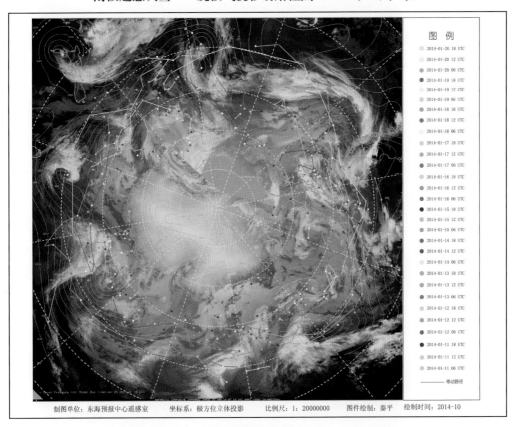

制图单位：东海预报中心遥感室　坐标系：极方位立体投影　比例尺：1∶20000000　图件绘制：秦平　绘制时间：2014-10

南极遥感调查——绕极气旋移动路径图（2014年1月下旬）

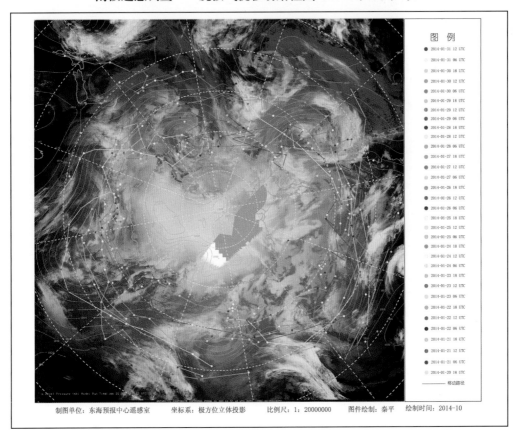

制图单位：东海预报中心遥感室　坐标系：极方位立体投影　比例尺：1∶20000000　图件绘制：秦平　绘制时间：2014-10

# 7.3 南极绕极气旋移动路径图（2014年12月—翌年1月）

## 南极遥感调查——绕极气旋移动路径图（2014年12月上旬）

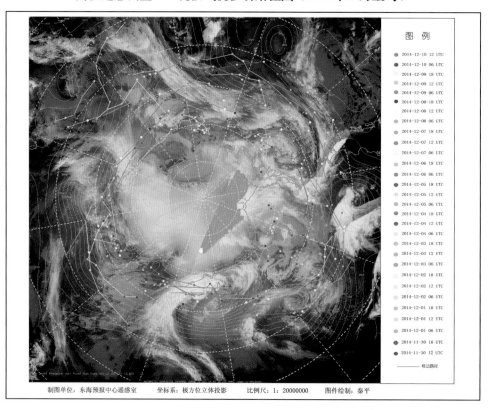

制图单位：东海预报中心遥感室　　坐标系：极方位立体投影　　比例尺：1：20000000　　图件绘制：秦平

## 南极遥感调查——绕极气旋移动路径图（2014年12月中旬）

制图单位：东海预报中心遥感室　　坐标系：极方位立体投影　　比例尺：1：20000000　　图件绘制：秦平　绘制时间：2015-10

## 南极遥感调查——绕极气旋移动路径图（2014年12月下旬）

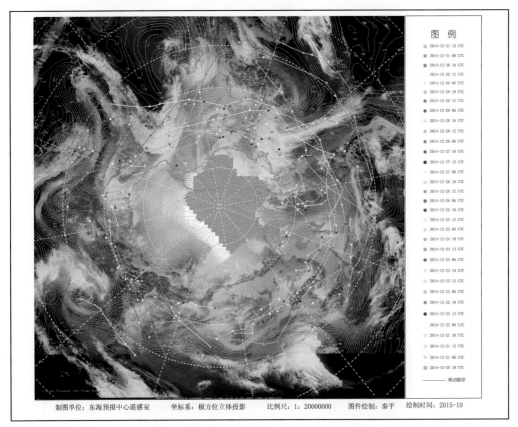

制图单位：东海预报中心遥感室　　坐标系：极方位立体投影　　比例尺：1：20000000　　图件绘制：秦平　　绘制时间：2015-10

## 南极遥感调查——绕极气旋移动路径图（2015年1月上旬）

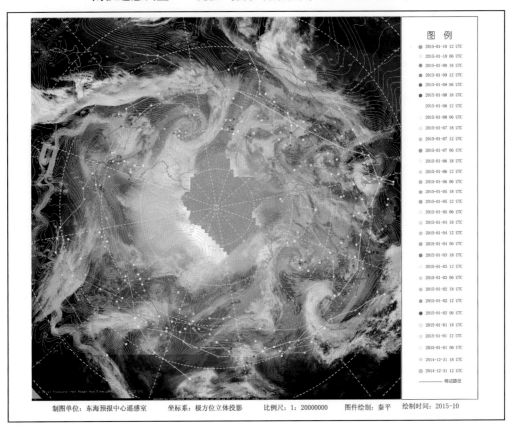

制图单位：东海预报中心遥感室　　坐标系：极方位立体投影　　比例尺：1：20000000　　图件绘制：秦平　　绘制时间：2015-10

## 南极遥感调查——绕极气旋移动路径图（2015年1月中旬）

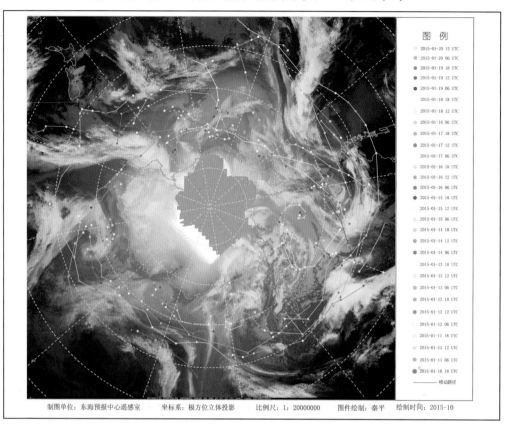

制图单位：东海预报中心遥感室　　坐标系：极方位立体投影　　比例尺：1∶20000000　　图件绘制：秦平　　绘制时间：2015-10

## 南极遥感调查——绕极气旋移动路径图（2015年1月下旬）

制图单位：东海预报中心遥感室　　坐标系：极方位立体投影　　比例尺：1∶20000000　　图件绘制：秦平　　绘制时间：2015-10